科学

KEXUE

原来这样学

YUANLAI ZHEYANG XUE

显微镜里的大千世界

郑永春　主编

荆玉栋　著

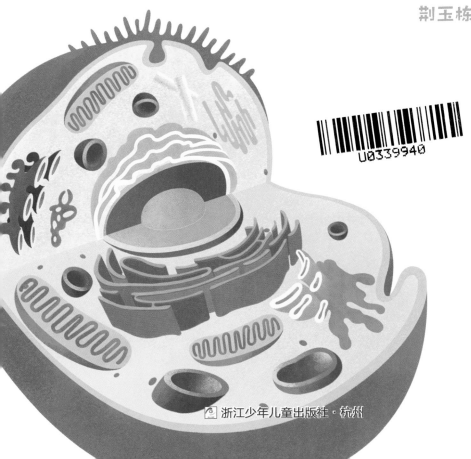

浙江少年儿童出版社·杭州

图书在版编目（CIP）数据

显微镜里的大千世界/荆玉栋著；郑永春主编. —
杭州:浙江少年儿童出版社,2020.12
（科学原来这样学）
ISBN 978-7-5597-2236-2

Ⅰ.①显… Ⅱ.①荆… ②郑… Ⅲ.①显微镜－少儿
读物②生物－少儿读物 Ⅳ.①TH742-49②Q-49

中国版本图书馆 CIP 数据核字（2020）第 222647 号

科学原来这样学

显微镜里的大千世界
XIANWEIJING LI DE DAQIANSHIJIE

荆玉栋/著　郑永春/主编

责任编辑	李佳燕
美术编辑	成慕姣
版式设计	杭州红羽文化创意有限公司
内文插图	彭　媛
责任校对	马艾琳
责任印制	孙　诚
出版发行	浙江少年儿童出版社
地　　址	杭州市天目山路 40 号
印　　刷	杭州长命印刷有限公司
经　　销	全国各地新华书店
开　　本	710mm×1000mm　1/16
印　　张	9.25
字　　数	69000
印　　数	1－8000
版　　次	2020 年 12 月第 1 版
印　　次	2020 年 12 月第 1 次印刷
书　　号	ISBN 978-7-5597-2236-2
定　　价	35.00 元

（如有印装质量问题，影响阅读，请与购买书店或承印厂联系调换）
承印厂联系电话：0571-88533963

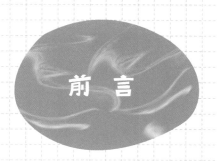

前　言

　　科普是"科"和"普"的结合，科普以"科"打头，但关键在"普"。科普的英文翻译之一——science communication，本意是科学的传播和交流。因此，要做好科普，就要把科学与日常生活联系起来，从身边的例子讲起，把冷冰冰的、难以理解的知识，用艺术化的方式表达出来，使其更加"美观"、更加"抓心"、更加"温暖"、更加"接地气"。如此一来，日积月累，可见水滴石穿之功；曲径通幽，必现豁然开朗之境。

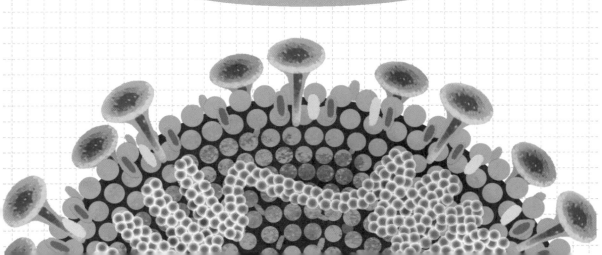

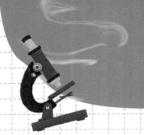

学会像科学家一样思考，
是科学教育的精髓

郑永春

自2017年9月1日起，我国开始从小学一年级起在义务教育阶段全面开设科学课，这对于提高全民科学素养、为建设创新型国家奠定教育基础至关重要。但我们也应当理性客观地认识到，我国的教育体系此前并没有系统性开展科学教育的传统。在我看来，由于缺乏人才队伍的建设和相关经验的积累，科学教育在中国还面临着许多问题、困难和挑战。

一、面临的问题

1. 缺少专业化的科学教师队伍

目前，各级师范院校中开设了专门的科学教育专业的并不多。教育系统的科学教研员和科学教师大多是从其他岗位转过来的，从业时间不长。据不完全统计，80%的科学教师没有理工科的专业背景，他们对"科学的本质是什么""科学家是如何思考的"这两个关键问题的理解不深。在这种情况下，怎样才能上好科学课？

2. 科学家在科学教育中缺位

中小学教育与科技界之间的"两张皮"现象颇为严重：探月工程、载人航天、"蛟龙"入海、南极科考等科研领域的最新进展，在科学教育中鲜有体现；科研机构、高等院校与中小学之间、科学家与科学教师之间缺乏足够的沟通和交流。

3. 科学课在教育系统中地位低

科学教育在中国还是新生事物，没有得到应有的重视。科学课在很多学校都是边缘学科，与语、数、外等"主课"相比，显得可有可无。

唯有正视科学教育目前存在的问题，请进来，走出去，广开门路，促进科技界与教育界的密切互动，才能有效地提升科学教育的质量和水平。

二、存在的困难

1. 科学教育谁来做

在科学教育中，科学家负责回答教什么、学什么的问题，设计学习内容；科学教师负责解决怎么教、怎么学的问题，设计学习进阶。两者合力，相辅相成，才能共创科教未来。应将科学家的科学精神、科学态度、科学思维、科学方法与科学教师的教育理念、教学手段相融合，让科学课变成一门学生喜爱、学有所得并发自内心地主动学习的课程，成为学生的快乐源泉。

2. 科学教师如何做

（1）作为一名科学教师，首先应该要成为一名科学爱好者。只有自己对科学有兴趣，爱科学、懂科学，才有资格和说服力去教学生学科学。如果科学教师本身对科学不感兴趣，是科学的门外汉，只知其然而不知其所以然，那么教科学的结果不仅不能激发学生的兴趣，还会适得其反。

（2）作为一名科学教师，不仅要教给学生科学知识，还要教他们学会科学精神、科学思维、科学方法。教师是学生的启蒙者，正所谓"师者，所以传道受业解惑也"。科学教师向学生传授准确的科学知识、培养创造性思维、训练发现新知识的方法，这对学生未来的发展有着深远的影响。

（3）作为一名科学教师，应当积极主动与科学家沟通、交流，要树立自信，"敢"于同科学家对话，向科学家发问。只有多沟通、多探讨，才能充分了解科学家的思维方式和科学方法，并将其运用到教学工作中。正如萧伯纳所说："如果你有一个苹果，我有一个苹果，彼此交换，我们每个人仍只有一个苹果；如果你有一种思想，我有一种思想，彼此交换，我们每个人就有了两种思想，甚至多于两种思想。"

（4）作为一名科学教师，应致力于提升自身的科学素养。不仅要经常参加科学讲座、科普活动，更要抱着学习、取经的心态，争取多参与一些科学研究课题。只有亲历科学研究的过程，才能更好地理解科学思维、科学方法，并将其付诸实践。

3. 科学家如何做

（1）要树立社会责任感，关注基础教育，尤其是科学教育，把传播科学、启蒙后辈作为自己应尽的社会责任。

（2）要积极参与中小学教材编写、中高考命题、基础教育课程标准制定、课程质量评估和教材审查等工作，提升教学内容的科学性、准确性，帮助科学教师明确教学目标，科学合理地分配教学任务。

（3）要走出实验室、象牙塔，走进中小学的一线教学阵地，切实了解当前中小学科学教育的现状、存在的问题和面临的挑战，积极踊跃地提出富有建设性的意见和建议。

三、科学研究对科学教育的启示

科学研究虽然没有固定的范式，但大致要经历几个步骤：在发现问题、提出问题、解决问题的过程中，经历查阅文献→调查研究→设计实验→开展实验→分析实验结果→提出结论→验证结论等步骤。有些步骤甚至要反复进行多次，才能逐渐逼近较为科学的答案。具体过程会因问题的不同而稍有差异，但整体的逻辑是相似的。

1. 聚焦核心问题，采用不同方法

对于科学教育，不能完全照搬或模仿科学家的研究过程，而应在保证科学严谨、逻辑清晰的前提下，对研究过程进行简化，以更好地适应中小学不同阶段的教学需求，灵活变通，因"人"制宜。

2. 注重思维训练，反复锻炼提高

反复的实验和论证使研究结果更加精准，经得起时间的检验。科研过程看似简单，但一步步坚持做下来，需要持之以恒的毅力、滴水穿石的耐心、批判质疑的精神和不怕失败的强大内心。科学思维、科学方法是无法速成的，而是在具体实践中反复训练、逐渐养成的习惯。

3. 注重探索过程，提高综合能力

以提升核心素养为目的的科学教育重在过程，不必陷入对具体知识的纠结，应认真践行规范化、流程化的科研训练。因为科学的实证精神是反直觉的，科学方法只能在实践中反复训练而成。科学教育旨在培养学生的科学思维和科学方法，使他们学会探索未知。

科学研究是一个发现问题、解决问题的过程。它不仅能锻炼学生分析和解决问题的能力、逻辑思维能力、总结归纳能力、团结协

作能力等，还能帮助学生养成严谨的科学态度，在潜移默化中，让科学探究成为他们的思维方式、具体行为，并逐渐内化为良好的科学素养。

四、迎难而上，科学教育怎么做

不同于大学生或研究生阶段的科学研究，中小学生的科学探究可简化为"发现问题→分析问题→解决问题→得出结论→汇报成果"的过程。但有几点需要注意：

（1）提出的问题不应是泛泛的或过于专业的问题。应鼓励学生留心观察日常生活中的点点滴滴，从中发现问题，以激发学生思考的兴趣和探索的热情。

（2）在解决问题的过程中，科学教师应从专业角度给予一定的引导和指导，同时也要充分发挥学生的主观能动性。

（3）学生在进行科学探究时，应定期向科学教师汇报自己的研究进展。科学教师要给予学生充分的展示和陈述的机会。当学生得到认同和鼓励时，就会更有动力、更有兴趣继续做下去，同时也锻炼了表达和演讲能力。

（4）科学课的考核评价方式也很重要 —— 不是机械地给期末考试打分，也不是收到报告就应付了事，而应关注学生的探究过程，发现其中的亮点并给予鼓励，指出存在的问题和不足，并提出未来改进和提高的方向，使学习成果得到升华，让学生们不仅学科学、爱科学，还会用科学，学有所得，学有所期。

探索生命的奥秘

荆玉栋

直到今天，科学家也没能在地球之外的星球发现生命存在的确凿证据。可以说，地球上的生命是宇宙中的独特存在。

生命有哪些共同特征呢？科学家总结，生命大概有七大特征：第一，有序的复杂性；第二，能进行生长和发育；第三，要进行繁殖；第四，对环境具有应激性；第五，能够利用能量进行代谢，对绿色植物而言，就是利用太阳能，固定二氧化碳合成有机物，同时释放氧气，对动物而言，就是吃喝拉撒，以及呼吸；第六，经过多年的变异与自然选择，即进化，生命会逐渐适应环境；第七，生命个体能进行自我调节，保持整体稳定。还有一个特征是有争议的，那就是生命是由细胞构成的。

地球上的生命有多少种呢？比较一致的说法是已描述的物种约有175万种。"已描述"是什么意思呢？地球上的物种这么多，由于地域及语言的不同，同一物种叫法不一，所以瑞典科学家林奈建立了一套物种命名方法，命名的同时会确定该物种的分类地位，采用林奈双名法命名一个物种并公开发表的过程就称为描述一个物种。实际上，地球上的物种估计有1300多万种。

由于人类肉眼的分辨率有限，生活在18世纪的林奈只能将生物分为植物和动物。显微镜的出现和广泛应用，极大地拓宽了人类观察生命的范围。借助显微镜，科学家发现了原生生物、细菌，建立了细胞学说。细胞学说与生物进化论、能量转化及守恒定律并称为19世纪自然科学的三大发现。借助电子显微镜，科学家看清楚了病毒。通过这本书，我们将一起了解和认识显微镜，一起来看显微镜下丰富多彩的生命世界。

科学研究的第一步是观察和测量，所以生命科学的第一步就是观察生命。科学知识固然重要，但是科学方法和科学思维更难能可贵，而日新月异的生命科学正是培养科学思维的理想领域。

可以说，21世纪是生命科学的世纪。2017年，世界著名生命科学家、北京生命科学研究所所长王晓东院士在清华大学生命科学学院的毕业典礼上致辞说："大家都说聪明的人学数学。可你学的数学多数都是几百年前的知识；高大上的物理，但多数都是一百年到五十年之前的知识；化学这几年发诺贝尔奖都找不到人，多数都给了我们学生物的。而我们生物学的发展可是几年就有跨越，一不留神就落伍。"

即使是现在，显微成像技术仍然在推动生命科学的发展，超分辨显微成像技术荣获2014年诺贝尔化学奖，冷冻电镜技术获2017年诺贝尔化学奖。科学家不仅要看清楚细胞器的结构，还要看清楚生命大分子的结构，而且要长时间地观察生理条件下细胞器水平的生命过程。科学家会选择一些特定的物种作为研究对象，这就是模式生物。在这本书里，我们将一起认识大肠杆菌、酿酒酵母、秀丽线虫、黑腹果蝇、拟南芥等有代表性的模式生物。

生命科学是医学和农学的基础，医学和农学的研究对象都是生命。通过这本书，我们也会认识到生命科学与医学、农学的关系。

"科学原来这样学"系列丛书的主编郑永春博士和我同在中国科学院奥运村科技园区工作，对我走上科普道路多有提携。衷心感谢编辑刘楚悦的帮助，我本职工作繁忙，只能利用业余时间写作，没有编辑的鞭策，本书难以完稿。本书中的部分照片来自我的同事田彦宝高工、贾鹏飞博士等的馈赠，在此一并致谢。由于作者水平有限，书中难免会出现一些谬误，欢迎读者批评指正，同样欢迎通过邮件等方式进行交流。

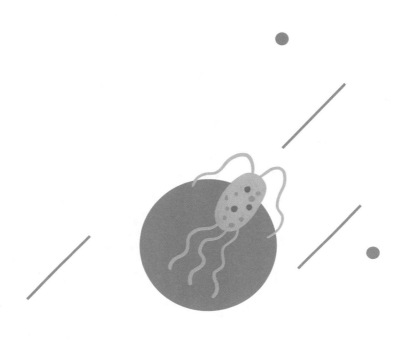

目　录

① 显微镜的发展历史……1

② 认识各种各样的显微镜……8

③ 生命都是由细胞组成的吗……16

④ 介于生命和非生命之间的病毒……22

⑤ 让细胞也具有缤纷的色彩……28

⑥ 微生物的成员们……35

⑦ 对人类有害的致病菌……43

⑧ 对人类有益的微生物……51

⑨ 不能进行光合作用的原生生物 —— 原生动物……58

⑩ 能进行光合作用的水生生物 —— 藻类……64

⑪ 简单的多细胞动物 —— 生活在土壤里的秀丽线虫……69

⑫ 拟南芥 —— 植物研究的代表……75

⑬ 植物的叶子……81

⑭ 奇形怪状的植物花粉……89

⑮ 科学家从黑腹果蝇那里学到了什么……96

⑯ 人体细胞知多少……102

⑰ 血常规报告单里的秘密……109

⑱ 神奇的干细胞……115

⑲ 复杂的神经系统……120

⑳ 如何克隆生命体……126

显微镜的发展历史

　　生命，是宇宙中地球这个特殊星球的独特存在。大家都知道，自然界中存在着我们肉眼看不到的生物，比如细菌、病毒等微生物。大部分生命都是由细胞构成的，而我们的肉眼是看不到大多数细胞的。那么，科学家是如何了解与细胞相关的知识的呢？没错，这时候显微镜就要隆重登场啦！就像天文学家通过望远镜观察宇宙中遥远的星体一样，科学家是通过显微镜观察这些肉眼看不到的生命或生命结构的。在漫漫的历史长河中，显微镜是如何诞生并发展的，又经历了哪些变革呢？让我们一起来看看吧！

显微镜和望远镜一样，都是由玻璃镜片组成的。显微镜的发明时间和地点也与望远镜有些类似。两者的发明时间都是在16世纪和17世纪交替之际，发明地点是荷兰，发明人都是眼镜制作工匠。

大约在1280—1289年，现代意义上用于矫正视力的眼镜起源于意大利佛罗伦萨。这个时期，中国处于元朝阶段。大约在明朝时期，西方的眼镜传入中国。

17世纪初，荷兰的一位眼镜制造商利伯希利用凹透镜做目镜，凸透镜做物镜，组合成了具有望远镜功能的仪器。1609年，意大利著名科学家伽利略改良了望远镜，并将其用于观测月球及其他星体。

至于谁是显微镜的最初发明人，目前存在很大的争议。比较公认的是荷兰的眼镜制造商詹森，他在1590年左右发明了显微镜。最初的显微镜的最大放大倍数只有9倍。巧合的是，詹森和发明望远镜的利伯希是邻居。最初的显微镜只有两个镜片：一个是靠近眼睛的目镜，一个是靠近被观察物体的物镜。后来，目镜和物镜之间又多了一个镜片，将这三个镜片组装在一个直筒内，这样的显微镜就是复式显微镜，现代显微镜都是这种显微镜的变体。

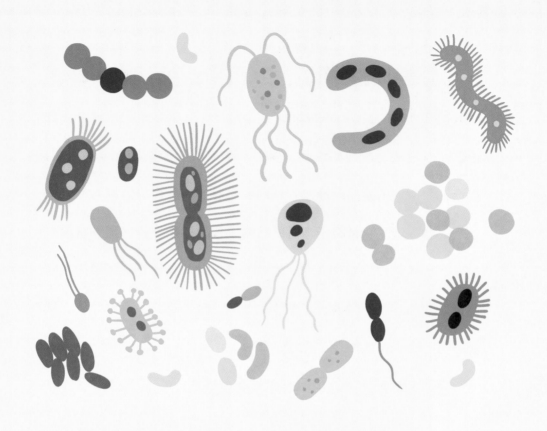

　　与复式显微镜相对应的，就是简式显微镜。顾名思义，它的构造比较简单，只有一个姑且称之为物镜的玻璃镜片。不要小看这么简单的显微镜，荷兰科学家列文虎克用它观察到了很多世人从来没看到过的东西，比如动物的精子以及微小的原生动物和细菌等。此外，他还准确地描述了血液中的红细胞。在列文虎克生活的17世纪中晚期，简式显微镜的分辨率并不比复式显微镜低。

说起显微镜对生命科学的巨大推动作用，最先让人想到的就是血液循环理论的证明。1628年，英国解剖学家哈维提出血液循环理论，即血液从心脏开始流经全身并回到心脏。如果这个理论成立，那么，从心脏出发的动脉血管和回到心脏的静脉血管之间必然存在某种连接通道。但是限于当时的技术手段，这个连接通道一直没有被发现。直到17世纪60年代，意大利科学家马尔比基在用显微镜观察青蛙的肺部组织时发现了细小的血管，现在称之为毛细血管，从而证明了哈维的血液循环理论是正确的。

小朋友们都知道，生命是由细胞构成的。英文"cell"译作细胞，这个单词是由英国科学家罗伯特·胡克创造的。他在用显微镜观察软木时发现了一个一个的小室，他称之为cell，现在看来它们就是一个个死细胞的细胞壁。

显微镜在生命科学领域被广泛应用后，随着要求的不断提高，它不断地得到发展和完善。18世纪中期，首次出现了转盘式更换透镜的装置，该装置可以改变显微镜的放大倍数。随着显微镜镜片制作工艺和玻璃品质的不断提高，大约在19世纪早期，由荷兰光学仪器制造商德吉尔研制的显微镜，其放大倍数超过100倍，分辨率可达2微米。19世纪30年代，英国人李斯特提出了新的显微镜设计理念，从而使当时英国的显微镜制造技术领先于世界。

1846年，德国人卡尔·蔡司创建了光学工作室，开始制造显微镜。1857年，蔡司的第一台复式显微镜进入市场。后来，蔡司携手德国物理学家阿贝，从理论层面提高了显微镜的技术水平。1873年，显微镜史上具有里程碑意义的阿贝公式发表，在该理论的指导下，蔡司显微镜以质量和革新享誉国际。

微生物学就是在显微镜的基础上诞生的。法国科学家巴斯德借助显微镜进行观察，创立了细菌理论，被誉为微生物学之父。德国科学家科赫通过实验，证明了牛炭疽病是由炭疽杆菌引起的，他还发现了引起肺结核的病原菌 —— 结核杆菌，以及导致霍乱的霍乱弧菌。因在肺结核研究上的贡献，科赫荣获1905年的诺贝尔生理学或医学奖。

进入20世纪，新的光学显微成像技术相继出现。荧光成像显微镜、微分干涉技术、共聚焦成像技术等从不同角度提高了显微镜的

成像质量。

光学显微镜的光源一般是可见光，这就限制了分辨率的进一步提高。到了20世纪，随着量子物理学的发展，科学家发现，如果将电子束作为"光源"，显微镜的分辨率就可以提高到惊人的地步。20世纪30年代，德国工程师鲁斯卡和诺尔成功制造出历史上第一台真正意义上的电子显微仪器。1986年，80岁的鲁斯卡荣获诺贝尔物理学奖。

近年来，凭借超分辨荧光成像技术，光学显微镜的分辨率突破了200纳米的极限，可以达到100纳米，甚至20纳米。在这方面，毕业于中国科学技术大学的女科学家庄小威博士做了出色的工作。在显微镜的发展史上，出现了越来越多中国人的名字。

显微镜不仅极大地推动了生命科学的发展，而且在医学、地质学、材料科学等方面也得到了重要应用。小朋友们可能知道，芯片是手机、计算机的核心部件，生产高精度芯片的光刻机的核心部件就类似显微镜的物镜，所以在高端光刻机制造市场占有垄断地位的荷兰ASML（阿斯麦尔）公司和德国蔡司公司有着密切的合作关系。

？科学思考

  显微镜的发展日新月异，从简式显微镜到复式显微镜，从光学显微镜到电子显微镜，显微镜的发展与革新一步步推动了生命科学的发展。想一想：电子显微镜的分辨率远远高于光学显微镜，科学家为什么还要发展光学成像技术呢？

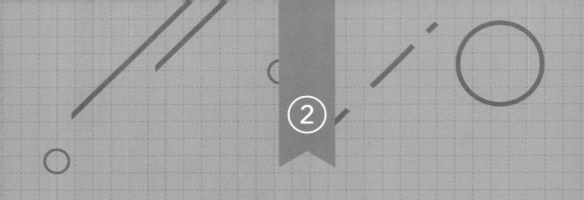

认识各种各样的显微镜

　　显微镜从1590年诞生至今，已经有400多年的历史了。经过这么多年的发展，为了更好地观察样品，各种各样的成像技术层出不穷，由此也诞生了各种各样的显微镜。那么，我们该如何认识和区分这些显微镜呢？

　　根据被观察样品与物镜之间的空间关系，可将显微镜分为正置显微镜和倒置显微镜两类。如果物镜在样品之上，则称为正置显微镜；如果物镜在样品之下，则称为倒置显微镜；有一种特殊形式的正置显微镜，物镜距离样品较远，一般在2—3厘米以上，则称为解剖镜或体视显微镜。英国科学家罗伯特·胡克观察软木发现细胞用的显微镜就是正置显微镜。

　　正置显微镜、倒置显微镜和解剖镜在用途上有什么区别呢？

　　正置显微镜一般用来观察载玻片，即把样品放到载玻片上，然后再盖上盖玻片，盖玻片很薄，厚度约为0.1—0.2毫米。物镜与盖玻片之间的距离很小，只有几毫米，甚至更小。

　　在生命科学研究中，很多样品是活的，无法放到载玻片上进行

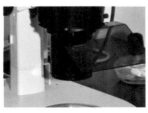

物镜和样品或载物台的关系

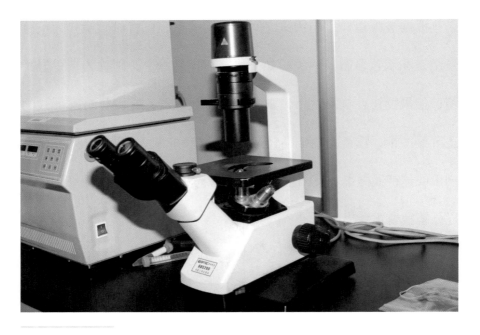

观察培养细胞用的倒置显微镜

观察，例如培养细胞。培养细胞在培养皿中用液体培养基进行培养，

培养时细胞一般都贴壁生长，贴附在培养皿底部，所以只能用倒置

显微镜来观察。另外，如果要在显微镜下进行操作，正置显微镜是

没有操作空间的，而倒置显微镜却有，所以线虫显微注射、克隆时

的核移植等，都需要用倒置显微镜。

解剖镜的放大倍数一般不高，可以用来观察较大的样品，这是

因为物镜和样品之间有很大的空间，能够边观察边进行操作。转移线虫以及日常观察黑腹果蝇用的就是解剖镜。很多珠宝店里也有类似的显微镜，主要用于观察钻石的切工及编码。

那么，显微镜是由哪些零部件组成的呢？我们先来观察一台简单的显微镜吧。一般显微镜都是由支架或主体、目镜、物镜、物镜转换器、载物台、调焦系统、光源、聚光系统或聚光器等部分组成。目镜因靠近眼睛而得名，物镜因靠近被观察的物体而得名。物镜安装在物镜转换器上。一般情况下，物镜转换器上最多可以安装六个物镜镜头。

在不同的显微镜中，有几个部分的变化是很大的。例如目前常用于实验研究的研究级正置荧光显微镜，相对于常规显微镜，它增加了显微镜电源。它共有两套光源，一套是明场光源，一套是荧光光源。另外，为了记录被观察样品的图像，它增加了相机。我们还可以使用触屏进行不同放大倍数物镜之间的切换，或不同颜色荧光之间的切换。这种显微镜都是用计算机控制的，我们可以设置不同的程序、不同的时间间隔、不同的拍照参数，以及不同的放大倍数和不同的荧

光，持续不断地采集图像，由此来观察活体样品的变化情况，可以连续观察几个甚至十几个小时。

显微镜的主要功能之一就是放大样品，那么，显微镜的放大倍数是怎么计算的呢？显微镜的放大倍数等于目镜的放大倍数乘以物镜的放大倍数。一般显微镜目镜的放大倍数都是10倍，写作"10×"，决定显微镜放大倍数的是物镜的放大倍数，常见的有10倍、20倍、40倍、60倍、100倍。光学显微镜的物镜放大倍数最高可以达到150倍。

那么，是不是放大倍数越高就代表显微镜越好呢？答案是否定的。对于显微镜而言，还有一个更重要的参数，就是分辨率。在"显微镜的发展历史"一章，我们提到过分辨率，简而言之，分辨率就是指能够清晰区分的两个点的最小间距。人类肉眼的分辨率是0.1毫米。

米、厘米和毫米都是长度单位，我们常用的直尺的最小刻度是1毫米，1米等于1000毫米。那么，比毫米更小的长度单位是什么？常用的有两个：微米和纳米。1毫米等于1000微米，1微米等于1000纳米。人类肉眼的分辨率是100微米。细胞的直径一般在10—100微米之间，所以我们只用裸眼一般看不见单个细胞。大肠杆菌作为一种常见的细菌，长度约为1—3微米。而新冠病毒的直径只有100纳米左右，用光学显微镜都看不清楚，只能用电子显微镜进行观察。

影响显微镜分辨率的主要因素是物镜的质量，现代显微镜制造商们都在通过各种方法提高显微镜的分辨率。在显微镜的物镜上，我们可以看到很多数字，有放大倍数以及衡量分辨率的参数。还有一类特殊的物镜称为油镜，观察时需要在盖玻片上加一滴精油，这样物镜和盖玻片之间的介质就不是空气，而是精油了。这会提高分辨率，这类物镜的分辨率一般都非常好。本书中的很多图片都是在

像衣柜一样的超分辨显微镜

油镜下拍摄的。

一般光学显微镜的最大分辨率是200纳米，为了看得更清楚，科学家发明了多种超分辨显微成像技术，使光学显微镜的分辨率突破了200纳米，可以达到100纳米，甚至20—50纳米。

让我们利用这些不同的显微镜观察大千世界，看看我们身边的微小生物究竟是什么样子的吧！你是不是有点迫不及待了呢？

1. 收集理发时剪下的头发，将它们密密地排在一起，看看多少根头发合并在一起为1毫米。

2. 科技馆里一般都有显微镜，观察显微镜时，尝试辨别不同类型的显微镜的结构。想一想：光线是怎样从光源经过样品，到达眼睛的呢？把你的想法记录下来吧！

生命都是由细胞组成的吗

在我们的周边，生命随处可见，大家有没有考虑过这样一个问题 —— 什么是生命？或者说，生命的定义是什么？关于生命，科学家很难给出一个确切的定义，但是科学家总结了生命的特征，其中就包括：生命是由细胞组成的。生命体既复杂又非常有序，特别是在显微镜下，大家更能体会到这一点。那么，所有生命都是由细胞组成的吗？这就不得不提到一类特殊的生命形式 —— 病毒，它不是由细胞组成的，并且不能独立生存。如果病毒属于生命，可以说，不是所有的生命都是由细胞组成的；如果病毒不属于生命，那么，所有的生命就都是由细胞组成的。科学家认为，病毒是介于生命和非生命之间的一种特殊的物质形式。现在大家能理解科学家的为难之处了吗？

　　一切生物都是由细胞组成的，细胞是生物形态结构和功能活动的基本单位，这就是细胞学说的主要内容。当然，现在人们认识到病毒等特殊形式的生命没有细胞结构。

　　因为绝大多数细胞的直径都在30微米以下，超出了人眼的分辨率100微米（即0.1毫米），所以我们必须借助显微镜才能观察到细胞。在"显微镜的发展历史"一章中我们提到，英国科学家罗伯特·胡克用显微镜观察软木时，看到一个一个的小室，就称之为细胞，当然这些是只剩下细胞壁的死细胞。随着显微镜分辨率的提高，19世纪30年代，植物学家观察植物表皮细胞时发现了细胞核，科学家开始思考细胞和生命体之间的关系。植物细胞外面有一层厚厚的细胞壁，而动物细胞的边界很不明显（当时还看不清楚细胞膜）。1838年，德国植物学家施莱登得出结论：所有植物都是由细胞组成的。一年后，德国动物学家施旺也认为，动物个体也是由细胞组成的。1839年，两位科学家合作提出了细胞学说，第一次提示人们生命是统一的，而且可能是共同起源的。

　　马克思主义的创始人之一、德国思想家恩格斯对细胞学说给予高度评价，将该学说与生物进化论、能量转化及守恒定律并称为19世纪自然科学的三大发现。

细胞学说建立后，人们关于细胞的认识越来越深入。据科学家观察，子代细胞是由上一代细胞分裂形成的。在细胞内部，有很多具有特定功能的微小结构，这些微小结构就像细胞的器官一样，科学家称之为细胞器。细胞核在细胞内大而明显，它是第一个被发现并命名的细胞器。此外，线粒体、高尔基体、中心体、内质网、核糖体、溶酶体、内吞体、细胞骨架，以及植物细胞的叶绿体、液泡、质体等陆续被发现。每一类细胞器都有独特的功能，比如线粒体是细胞的能量工厂，溶酶体是细胞内的垃圾处理与再生工厂，核糖体能合成蛋白质，细胞骨架能够维持和改变细胞的形态，是细胞内物质运输的公路。植物通过光合作用将太阳能转化为化学能的这个过程就是在叶绿体中完成的。

通过图像展示细胞的形状和内部结构时，通常有两种方法：一种是用相机拍摄显微镜下真实的细胞；一种是通过手绘或计算机绘图的方式制作模式图或示意图，这是在真实图像并不清楚的情况下，

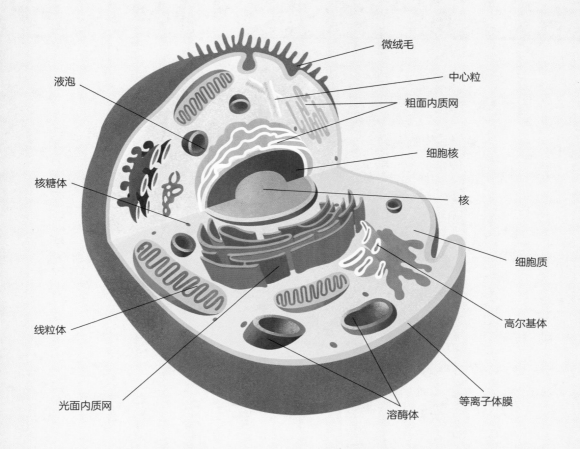

微绒毛

中心粒

粗面内质网

细胞核

核

细胞质

高尔基体

等离子体膜

液泡

核糖体

线粒体

光面内质网

溶酶体

科学家所使用的展示细胞的方式。

地球上的生命丰富多彩，除了病毒这类特殊的生命形式，根据

细胞核的有无，可以分为原核生物和真核生物。原核生物都是单细

胞生物，例如我们肚子里的大肠杆菌；真核生物既有单细胞生物，

例如我们蒸馒头用的酿酒酵母菌，也有多细胞生物，比如我们人类

就是一种多细胞生物。

多细胞生物个体的大小是由组成个体的细胞数量和细胞体积共同决定的。由于细胞的体积变化幅度不大，所以不同物种的个体大小主要是由细胞数量决定的。

多细胞动物个体都是从受精卵通过细胞分裂、细胞生长、细胞分化和细胞死亡等过程实现的。细胞的种类有很多，就拿人体来说，人体有各种各样的器官，眼睛、耳朵、心脏、肝脏、肺等各个器官都是由各种各样的组织组成，组成各种组织的细胞又各不相同，有神经细胞、肌肉细胞、皮肤细胞、脂肪细胞、肝细胞、淋巴细胞等。科学家的最新研究发现，人体细胞可分为100多个大类和800多个亚类。

不同类型细胞的功能也不同。肌肉细胞能够收缩，使我们能够运动；血细胞能够运输氧气和二氧化碳；脂肪细胞能够存储脂肪；有的神经细胞能够传递神经冲动；皮肤的表皮细胞能够保护人体。

细胞的形态结构与功能密切适应。肠道上皮细胞有微绒毛，可以增加吸收面积；肌肉细胞呈梭型，便于收缩；上皮细胞比较扁平，可以增加面积；神经细胞有很多分支突起，有利于神经细胞之间的信息交流，传递神经冲动。

从细胞水平研究个体，可以很好地理解个体的生理功能，比如呼吸、消化和血液循环等。

想一想：生命的主要遗传物质位于哪个细胞器中？

介于生命和非生命之间的病毒

　　病毒是介于生命和非生命之间的一种特殊的物质形式，是一种比较原始的、有生命特征的、能自我复制和专性细胞内寄生的非细胞生物。那么，病毒和具有细胞结构的原核生物 —— 细菌有什么区别呢？

第一，病毒比细菌小很多。大肠杆菌的大小约为0.5微米×（1—3）微米，而病毒的直径只有约80—100纳米，科学家必须借助电子显微镜才能看到病毒。人体红细胞的直径是6—9微米，小米的直径约为2毫米，篮球的直径为24.6厘米，而病毒和红细胞的大小比例，大约为小米和篮球的大小比例。

第二，病毒的结构非常简单，由一层囊膜包裹着遗传物质，没

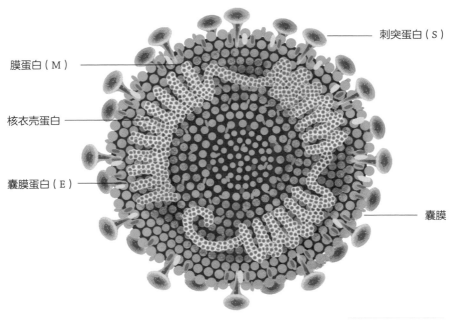

刺突蛋白（S）

膜蛋白（M）

核衣壳蛋白

囊膜蛋白（E）

囊膜

新型冠状病毒模式图（参考中国数字科技馆的模式图绘制）

有细胞壁或荚膜，囊膜直接暴露在外面，所以病毒在体外很容易被酒精、84消毒液、紫外线、高温等杀死。

第三，病毒并不能直接吸收或利用外界的营养，必须借助细胞内的细胞器等才能完成自我复制，即繁殖。

人类很早就认识了由病毒引起的疾病，包括小儿麻痹症、狂犬病和天花等，但是并没有意识到病毒的存在，因为病毒太小了。直到19世纪末期，贝叶林克发现了烟草花叶病的病原体并将其称为病毒。烟草花叶病病毒是人类发现的第一个病毒，当时只是通过实验方法验证了病毒的存在。电子显微镜被发明以后，给病毒拍照才成为可能。1931年，德国工程师制造出历史上第一台真正意义上的电子显微仪器。1936年，人类获得了第一张病毒的照片，也是烟草花叶病病毒。

目前，世界上已经发现的病毒有4000多种。很多病毒都会严重威胁人类健康，除了天花病毒、狂犬病病毒外，还有流感病毒、乙肝病毒、艾滋病病毒、人乳头瘤病毒、埃博拉病毒等。

自从青霉素被发现以来，各种各样的抗生素陆续被发现，由细菌导致的疾病对人类的威胁程度相对减弱。但是由于缺乏针对病毒的特效治疗药物，由病毒导致的疾病对人类的威胁越来越大。此外，病毒的变异速度很快，很多病毒都是人类第一次遇到，比如2003年的非典病毒、2012年的中东呼吸综合征病毒，以及最近的新型冠状病毒。

人类对抗病毒最有效的方法就是接种疫苗。比如重组乙型肝炎疫苗就是帮我们抵抗乙型肝炎的，乙型肝炎是由乙肝病毒引起的。注射了疫苗，体内就产生了相应的抗体，小朋友以后就不怕这种疾病了。

我们人类可以通过自身的免疫系统抵御病毒或细菌感染。我们的免疫系统非常复杂，分固有免疫和获得性免疫两种方式。固有免疫反应快，但是针对性不强，杀敌能力差。获得性免疫是身体产生特异性抗体来识别并消除病原的免疫方式，杀敌能力强，但是识别抗原、产生特异性抗体需要约十几天的时间，而个体却并不一定能扛过这十几天。接种疫苗就是让身体产生特异性抗体但是又不至于发病，等到下次再遇到这种病原的时候，身体就可以快速反应，杀死病原。这就是接种疫苗的原理。

　　科学家研发疫苗需要很长的时间，并不是所有的病毒都有对应的疫苗，比如艾滋病病毒就一直没有有效疫苗。在没有疫苗或者没有接种疫苗的情况下，如果我们因为病毒感染而得病了，该怎么办呢？大多数情况下，主要是靠我们自身的免疫系统与病毒作斗争。科学家也研发了个别特效药，比如治疗甲型流感的奥司他韦，可以阻止病毒从宿主细胞里跑出来，从而起到治疗的作用。单克隆抗体可以阻断病毒颗粒和人体细胞的结合，也有可能成为治疗药物。小朋友们平时一定要多运动，好好吃饭，增强自己的免疫力，这样才能更好地打败病毒。

　　虽然绝大多数病毒对人类而言是有害的，但是科学家可以通过对某些种类的病毒进行改造，使其造福于人类。比如由军事科学院军事医学研究院陈薇院士牵头研发的新冠病毒疫苗，就是以腺病毒为载体的重组疫苗。还有一种腺相关病毒（AAV），依附于腺病毒而生存，被科学家改造后用于人类基因治疗或作为动物基因编辑的载体。

　　小朋友们，现在你对病毒有所了解了吗？

1. 查阅相关资料，我国研制的新冠病毒疫苗有哪些？分别是怎样制作的？和小伙伴们一起探讨吧！

2. 小朋友们都有接种疫苗的经历，想一想：在接种疫苗之前，都有哪些注意事项呢？

让细胞也具有缤纷的色彩

　　大自然的生物缤纷多彩，特别是植物，绿色的叶子、五颜六色的花和果实等让人眼花缭乱。植物的叶片呈绿色，是因为叶片细胞中含有叶绿体。到了秋天，树叶变黄，这是因为叶绿体中的叶绿素分解，叶黄素的含量增多。叶黄素是一种类胡萝卜素，叶绿体慢慢变成有色体，树叶也由绿转黄，叶绿体和有色体都属于植物细胞中的一种细胞器 —— 质体。而香山红叶 —— 黄栌的叶子在秋天变红，则是因为叶片细胞中的另一种细胞器 —— 液泡中的花青素的含量增加。花青素不属于类胡萝卜素，花瓣姹紫嫣红主要是花青素在起作用。酸性液泡中的花青素呈红色，碱性液泡中的花青素呈蓝色。

大部分动物细胞是没有颜色的，为了看清楚细胞或细胞内部的结构，更好地研究细胞，科学家发明了各种各样的细胞染色方法。通过染色，可以判断体外培养的细胞是死是活。

在医学上最常用的染色方法是苏木精-伊红染色（HE染色），先将患者的组织块进行石蜡包埋，然后经过切片、脱蜡、染色、脱水、封片等步骤，制成可以在显微镜下观察的装片。HE染色的原理是苏木精成碱性，可以结合细胞核中的核酸，即DNA，细胞核中的DNA以染色质或染色体的形式存在，最终使细胞核呈蓝色，而伊红为酸性，可以结合细胞质中的很多成分，将细胞质染成不同程度的粉红色。现在，医院都采用全自动染色机进行病理切片HE染色。还有很多其他化学物质可以结合细胞内的特定组织并使之着色，比如油红、尼罗红可以使细胞内的脂类呈红色。

但是在这些化学染色方法中，染料并不能特异识别并结合特定的某种分子。而在医学或科学研究中却有这种需要，于是科学家利用抗原和抗体特异结合的原理，发明了免疫组织化学技术，这项技术目前在癌症诊断中有着广泛的应用。

化学染色方法或免疫染色方法都需要对组织或细胞进行固定，这样一来，细胞就死了。但是科学家需要观察生理状态下生物大分子或细胞器的结构及动态变化，这个难题困扰了科学家很多年，终于被日本科学家下村修等人解决了。

小朋友们都知道萤火虫，静谧的夜晚，萤火虫打着"灯笼"飞来飞去，营造出梦幻般的氛围。萤火虫是靠腹部的发光细胞中的荧光素酶催化底物（荧光素）而发光，这个过程需要消耗氧气和能量，科学家很难利用。大海或水族馆中的水母也会发光，非常漂亮，它发光的原理跟萤火虫类似。水母中的荧光素酶称为水母素，同样通过催化底物（腔肠素）发光。20世纪60年代，下村修在研究一种被称为维多利亚多管水母发光机制的时候，除发现了水母素外，还意外发现了一种特殊的蛋白质——绿色荧光蛋白。荧光是一种特殊的发光现象。我们平常所说的光也可以看作是一种波，波有波长，不同颜色的光的波长也不同。荧光物质的特点是，如果用短波长的光去照射荧光物质，它能发出波长较短的光。

当用偏蓝色的强光去照射绿色荧光蛋白，这种蛋白就会发出绿色的光，这个过程不需要氧气，不是化学反应，接近于物理反应。

但是在当时，这种具有特殊性质的蛋白质并没有引起科学家的重视。

绿色荧光蛋白的激发光颜色（470纳米）　黄色荧光蛋白的激发光颜色（500纳米）

青色荧光蛋白的激发光颜色（436纳米）　红色荧光蛋白的激发光颜色（572纳米）

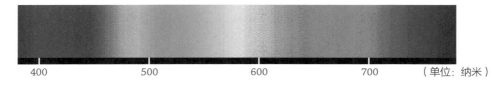

400　　　　　500　　　　　600　　　　　700　　（单位：纳米）

可见光的波长范围通常为390—780纳米，从紫、靛、蓝、绿、黄、橙、红连续过渡

1992年，一位美国科学家克隆了水母中的绿色荧光蛋白的基因，获得了绿色荧光蛋白的核苷酸序列，而基因可以指导蛋白质的合成。后来，这位科学家将该基因交给了美国科学家马丁·查尔菲。查尔菲以模式生物——秀丽线虫为研究对象，将水母的绿色荧光蛋白基因转到秀丽线虫体内，结果令他大吃一惊。在荧光显微镜下观察，线虫在蓝色强光的照射下，居然发出了绿色荧光。这项研究令科学家们大为振奋，他们终于找到一种能够使生理状态下的生命个体呈现

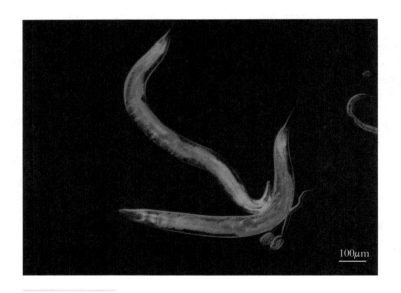

带有绿色荧光蛋白的秀丽线虫

颜色的方法了。该方法的前景极为广阔，直接改变了生命科学的研究方式。绿色荧光蛋白的基因可以和科学家感兴趣的蛋白质的基因连接在一起，这样蛋白质一端就带有绿色荧光蛋白，这就相当于科学家感兴趣的蛋白质也有了绿色，如此一来，科学家就可以标记特定的细胞器或细胞类型了。

如此神奇的蛋白质只有绿色怎么行？美籍华裔科学家钱永健教授改造了绿色荧光蛋白基因，使其能发出多种多样的颜色。

通过认识各式各样的显微镜，我们知道了一般光学显微镜的分辨率最高也就是200纳米。为了看得更清楚，科学家发明了多种超分辨显微成像技术，使光学显微镜的分辨率突破了200纳米，可以达到100纳米，甚至20—50纳米。而超分辨显微成像技术正是基于荧光蛋白。

小·朋友们已经认识了细胞的结构，了解了细胞内部形形色色的细胞器。仔细观察这些各具特色的细胞器，动动你们的双手，用彩笔画一个细胞，让不同的细胞器呈现不同的颜色吧！

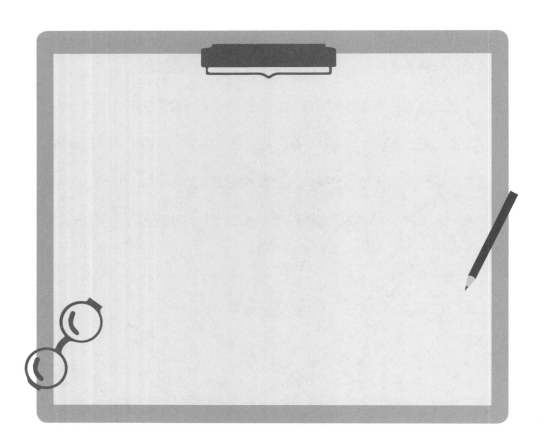

微生物的成员们

　　什么是微生物？微生物是一切肉眼看不见或看不清的微小生物的总称。微生物的个体一般小于0.1毫米，即100微米，而人眼的分辨率就是0.1毫米。显微镜出现之后，人类才有可能认识到微生物的存在。从分类学的角度看，当今的地球生命分为三个域：细菌域、古细菌域和真核域，每个域都有各自的微生物种类。此外，非细胞类的生命——病毒和亚病毒也属于微生物，所以说，微生物的成员非常复杂。根据进化程度等特征，微生物可分为三大类：没有细胞核的原核生物、具有细胞核的真核生物和非细胞微生物。

人类已知的微生物约有20万种，约占生物物种总数的十分之一。但是，据科学家估计，实际上，地球上的微生物种类约有50—600万种，大多数的微生物尚未被人类认识，这与微生物分布广的特点有关。已知的20万种微生物包括4000种病毒、3500种原核生物、9万种真菌、10万种原生动物和藻类，其中，真菌和原生动物都是真核生物。这是1995年的数据，这些数字还在快速增长中。总结起来，微生物有五个共同特征：一是个体小，表面积大；二是吸收多，转化快；三是生长快，繁殖快；四是适应性强，容易发生变异；五是种类繁多，广泛分布。从南极到北极，从沙漠到盐湖，从高山到深海，甚至在2800米深的金矿中，都能发现微生物的身影。

在"介于生命和非生命之间的病毒"一章中，小朋友们认识了非细胞微生物——病毒，本章主要介绍原核微生物和真核微生物。原核微生物就是广义的细菌，包括真细菌和古菌两大类群。古菌在进化上有重要的意义，不过并不常见。真细菌包括细菌（狭义）、放线菌、蓝细菌、支原体、立克次氏体和衣原体六种类型。

从"显微镜的发展历史"一章中，小朋友们知道了荷兰科学家

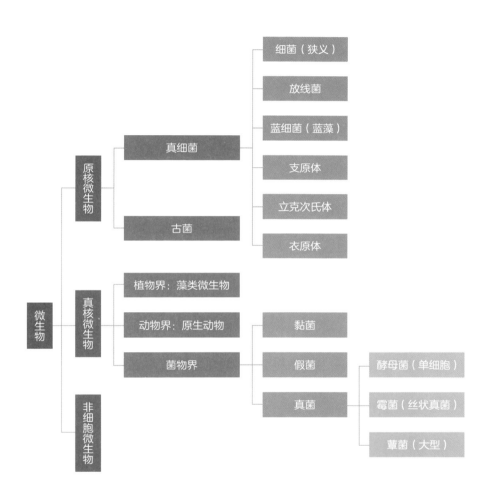

微生物的种类

列文虎克用自己制作的简式显微镜观察到了很多世人从来没看到的东西，其中就包括微小的原生动物和细菌等，即微生物。列文虎克虽然观察到了细菌，却不清楚这种生物与人类有什么关系。

微生物学的奠基人是法国科学家路易·巴斯德。早期人类文明认为生命可以自然发生，所谓"腐草化萤，腐肉生蛆"。巴斯德通过著名的"曲颈瓶实验"证明了微生物不会凭空产生，而是在空气中早已存在。为了杀死使葡萄酒变酸的细菌，巴斯德发明了50—60摄氏度加热半小时杀灭细菌的"巴氏消毒法"，沿用至今。1865年，巴斯德通过研究法国桑蚕大批死亡的原因，提出了微生物是造成人类传染病的主要原因，可谓医学史上一个伟大的发现。巴斯德也被称为微生物学之父。

细菌学的奠基人是比巴斯德年轻21岁的德国医生罗伯特·科赫。与化学家出身的巴斯德不同，科赫本身就是一名医生。19世纪50年代，法国医生达凡从病畜的血液里发现了炭疽芽孢杆菌。1876年，科赫以公开表演实验的方式，证明了炭疽杆菌是炭疽病的病因，从而证明了某种特定的疾病是由某种特定的细菌引起的。科赫建立了一整套分离纯化细菌的实验方法，先后分离出结核分枝杆菌、霍乱弧菌等。由于在肺结核研究方面的贡献，科赫获得1905年的诺贝尔生理学或医学奖。

细菌（狭义）的种类如此之多，我们该如何区分呢？

单细胞的细菌只有三种外形：球状、杆状和螺旋状。1884年，丹麦医生革兰通过染色将细菌分为两大类：染色后呈蓝紫色的革兰氏阳性细菌和染色后呈红色的革兰氏阴性细菌。这两类细菌染色后呈现不同颜色的原因是两者细胞壁的结构不同，阳性菌的细胞壁比较厚，而阴性菌的细胞壁相对薄一些。

放线菌是原核生物中一类能形成分枝菌丝和分生孢子的特殊类群，呈菌丝状生长，因菌落呈放射状而得名。尽管世界上第一个用于临床治疗的抗生素 —— 青霉素是从霉菌中分离的，但是产生抗生素最多的微生物类群是放线菌。

蓝细菌是一类进化历史悠久的原核生物，在具有46亿年历史的地球上已经存在了35亿年，是有化石记录的最早的生命形式。它含有叶绿素，但不形成叶绿体，能进行光合作用，也被称为蓝藻或蓝

绿藻。

原生动物就是单细胞的动物，常见的如草履虫等，小朋友们会在后面的学习中认识它们哦。

酵母菌是指单细胞的真菌，制作馒头、面包，以及酿造啤酒、白酒都少不了它。

霉菌是丝状真菌的一个俗称，意思是会引起食物或物品霉变的

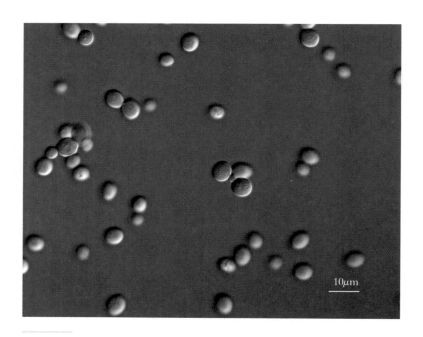

10μm

制作馒头用的酿酒酵母

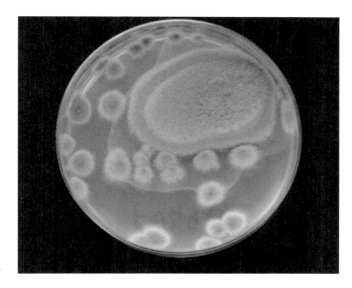

长了霉菌的培养皿

真菌。

　　蕈菌是一个通俗名称，也称伞菌，包括常见的蘑菇、木耳等。严格来说，这类大型真菌肉眼可见，不能算作微生物。

　　微生物虽然体积小，但却蕴含着丰富的宝藏。小朋友们都知道核酸检测是筛查新冠肺炎患者的必要手段。所谓核酸检测，就是荧光定量聚合酶链式反应。最初的聚合酶链式反应的关键就是耐高温的聚合酶，这种酶最早就是从分离自温泉的一株水生嗜热杆菌中提取获得的。所以，大家可不要小看这些小小的微生物哟！

　　请查阅相关资料，按照同一个比例尺画一个洋葱表皮细胞和一个大肠杆菌，比较一下真核细胞和原核细胞的大小·吧！

对人类有害的致病菌

　　人类作为地球上的其中一种生物，也是生物链中的一环。人类以植物或动物产品为食，同样也是很多微生物寄生的宿主。与其他物种一样，人类一直在跟疾病作斗争，那些严重威胁人类健康的传染病，就跟这些致病微生物密切相关。

　　在显微镜发明之前，人类不可能认识到微生物的存在。从列文虎克借助显微镜观察到了微生物开始，微生物就进入了人类的视线。被誉为微生物学之父的法国科学家巴斯德认为，微生物是造成人类传染病的主要原因。19世纪50年代，法国医生达凡从病畜的血液里发现了炭疽芽孢杆菌，这是人类历史上第一个被发现的病原菌。1876年，细菌学的奠基人、德国科学家科赫证明了炭疽杆菌是炭疽病的病因。更重要的是，科赫还建立了一套分离纯化细菌的实验方法，提出了确定病原微生物的准则。19世纪70年代至20世纪20年代，是病原菌被发现的黄金年代。1882年，科赫分离出结核分枝杆菌，次年，他又分离出霍乱弧菌。1883年，白喉杆菌被发现。1885年，埃希发现了大肠杆菌。1894年，鼠疫杆菌被发现。1897年，痢疾杆菌被发现。在黄金年代之后，科学家们又发现了幽门螺旋杆菌。1982年，澳大利亚学者马歇尔和沃伦从慢性胃炎患者的体内分离出幽门螺旋杆菌，并证明该细菌感染胃部会导致胃炎、胃溃疡等。

　　人类历史上，鼠疫（黑死病）、霍乱、天花、结核病（白色瘟疫，与黑死病相区别）曾导致数以亿计的人类死亡。首次鼠疫大流行发生于公元6世纪，死亡人数近1亿。1817年以来，世界上共发生了七次世界性的霍乱大流行，仅印度死亡人数就超过3800万。在结核病严重流行的20世纪初，全球每年由结核病导致的死亡人数高达200多万。

那么，细菌为什么会危害人类健康呢？

这跟细菌的生长速度快有关。细菌增长主要以裂殖为主，就是以一生二、二生四、四生八的指数式增长。当然，细菌只能在营养丰富、空间充足的条件下，进行短时间的指数增长。

细菌使人生病的武器是毒素，革兰氏阳性菌可以产生分泌到菌体外起作用的外毒素，例如破伤风梭菌分泌的破伤风毒素、肉毒梭菌产生的肉毒毒素、霍乱弧菌产生的霍乱毒素等。内毒素主要是指革兰氏阴性菌细胞壁的脂多糖成分，在细菌死亡后才会被释放出来。内毒素可以引起人体体温上升。

人体是如何跟致病菌作斗争的呢？

如果从被称为露西的南方古猿算起，320万年前，古人类就已经出现在地球上了，被称为现代人的智人也有20—30万年的历史了。作为一种高等动物，人体本身就拥有抵抗病原微生物的防御系统，

即免疫系统。人体免疫分为天然免疫（也叫固有免疫）和获得性免疫两种。天然免疫对病原菌具有无针对性的天然抵抗力，所以也称非特异性免疫，主要由皮肤、黏膜及其分泌的抑菌杀菌物质构成第一道防线，由体内多种非特异性免疫细胞，如吞噬细胞、自然杀伤细胞等构成第二道防线。所谓的第三道防线就是获得性免疫，也称特异性免疫，针对特定的病原体发生针对性反应。在获得性免疫中发挥作用的主要是T淋巴细胞和B淋巴细胞。

获得性免疫有利有弊，它的针对性及防御能力较强，但它需要十多天时间进行病原识别、记忆和淋巴细胞抗体基因重排等，而病原微生物在这段时间内大量增长，会导致机体无法承受。而疫苗的作用就是让机体提前识别病原微生物（毒性较弱），准备好特异的、针对性

的 B 淋巴细胞和抗体，等下次真正的病原微生物侵入人体时，获得性免疫马上就能起作用，和第二道防线一起战胜病原微生物。

小朋友们可以回忆一下，我们从小接种过哪些疫苗呢？哪些药物可以帮助人类战胜病原微生物呢？

接种疫苗是预防传染病最主要的手段。疫苗的英文单词是 vaccine，来源于 vaccina，就是牛痘的意思。这就要从天花病毒说起。1796 年，英国医生爱德华·詹纳找到一个正在患牛痘的挤奶女工，用针从她手臂上的水泡里取了一点脓液，接种到一个从未得过牛痘和天花的小男孩的皮肤里。几天之后，小男孩接种处的皮肤出现反应，但很快就恢复正常。几周后，詹纳从一个天花病人身上取来脓液，接种在小男孩身上，小男孩并没有出现天花症状。后来，詹纳又在人体上重复了这个实验，再次获得成功。1798 年，詹纳出版了《种牛痘的原因与效果的探讨》一书，从此揭开人类利用免疫手段抵抗疾病的序幕。但是在当时，人们并不知道牛痘接种背后的原理，所以在这之后的几十年里，疫苗并没有更多的进展。

巴斯德无愧于微生物学之父的称号，1880 年，他在研究鸡霍乱的时候，发现培养一段时间的鸡霍乱菌的毒性降低了，这种毒性减弱的霍乱病菌能够刺激鸡产生特异性免疫反应，但不足以致病，巴斯德由此证明可以通过"人工减毒法"生产疫苗。人工减毒疫苗至今仍然应用于临床。1882年，巴斯德通过人工减毒的方法研发出了炭疽病疫苗。利用这种方法，一系列预防传染病的疫苗被研制出来，例如白喉疫苗、破伤风疫苗、百日咳疫苗、结核疫苗等。现在我国每个小朋友都有一个小绿本——免疫预防接种证，接种证上列出了小朋友在不同阶段需要接种的一些疫苗。

　　在很多情况下，只靠人类的免疫系统难以战胜病原微生物，这时就需要药物的帮助了。磺胺是人类发现的第一个抗菌药物，至今已经发展成一个庞大的抗菌药物家族，我们经常使用的复方新诺明就是其中的一种。

　　以青霉素和链霉素为代表的抗生素挽救了无数人的生命。1928年，英国科学家亚历山大·弗莱明从青霉菌里分离出的青霉素，是第一种有效、实用的抗生素，但是受当时工艺的影响没有立即推广并应用到临床，直到二战期间才开始得到广泛的应用。青霉素是科学家偶然发现的，而链霉素是美国科学家瓦克斯曼通过有目的地筛选后发现的，1944年展开的大规模临床试验证明了链霉素对于肺结核的治疗效果非常好。

　　今天，依然有很多科学家致力于寻找新的抗生素。

小朋友们，翻翻自己的免疫预防接种证，看一看，自己打了多少种疫苗了呢？这些疫苗都是针对哪些致病菌的呢？

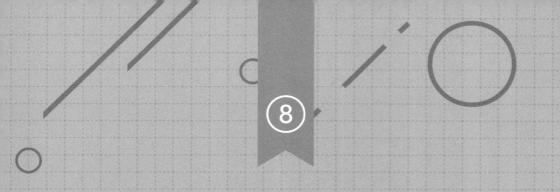

对人类有益的微生物

一提到微生物，特别是细菌，很多人就认为是有害的，唯恐避之不及。其实，我们人类也离不开微生物，很多情况下，微生物还是我们的"朋友"。

肠道内的细菌可以帮助我们消化食物。胎儿在母体内处于一个无菌的环境，分娩之后，就开始接触细菌，细菌也开始进入婴儿体内。正常情况下，这些"另类"并不会威胁人体健康，而是与人体保持平衡状态，对人体有很多益处，科学家称它们为正常菌群。正常菌群内部也会相互制约，维持相对的平衡。科学家推测，在一个成年人身体内外生存的细菌有400多种，数量达上万亿个，大约是人体所有细胞数量的9倍。（但是据2016年的统计，一位体重70千克的成年男性，其体内的细菌数量约有3.8×10^{13}个，即38万亿个。人体细胞约有30万亿个，细菌数量比人体细胞多，但达不到9 : 1。）当人体免疫力下降或平衡被打破时，正常菌群也可能变成有害的致病菌。

人类口腔中有葡萄球菌、链球菌、大肠杆菌等几百种细菌。栖息在人体的细菌约有95%生活在肠道内。根据对人体的影响，肠道内的细菌大致可分为有益菌、有害菌和中性菌三类。有益菌主要包括双歧杆菌、嗜酸乳杆菌等，起到助消化的作用，前者分布在大肠，后者存在于小肠。肠道内双歧杆菌的数量随着年龄的增长会有变化，幼儿最多，占体内细菌量的95%以上，到了老年，就只有不到10%

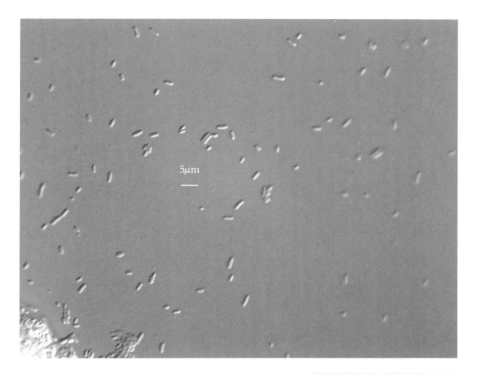

5μm

光学显微镜下的大肠杆菌（放大1000倍）

了。我们曾提到的幽门螺旋杆菌就是有害菌，你还记得它分布在哪儿吗？

人体在健康的情况下，肠道内的三类细菌保持着相互制约的平衡，一旦受外界或自身影响，平衡被打破，肠道功能就会紊乱，最典型的症状就是便秘。所以小朋友们应该经常补充双歧杆菌、嗜酸

乳杆菌等，酸奶中就含有很多肠道有益菌。肠道菌群对人体的影响可不仅仅与消化有关，有研究表明，它们还能影响人的神经系统，目前，肠道菌群已经成为科学研究的热点领域。

抗生素挽救了无数人的生命。抗生素最初都是从放线菌、霉菌中分离的。其中，放线菌产生的抗生素种类最多，目前临床上使用的链霉素、庆大霉素、卡那霉素、四环素、土霉素等都是从放线菌中分离的。抗生素不仅可以用于治疗人类疾病，还可以防治农作物病害，最具代表性的就是阿维菌素。目前，仍然有很多科学家试图从生活在极端环境下的微生物中分离出新的抗生素。

病毒、致病菌等经过减毒培养或灭活处理后，可以作为疫苗。中国科学院武汉病毒研究所和国药集团旗下的武汉生物制品研究所有限责任公司联合研制的新冠肺炎疫苗就是新冠病毒灭活疫苗。

我们的食品生产也离不开微生物。馒头和面包是用酿酒酵母发酵的。食醋、白酒、啤酒的生产也都离不开酵母菌和细菌。古代酿酒用的酒曲，就是多种微生物的复合物，酵母菌生成乙醇，细菌会让酒香浓郁且回味悠长。

在农业领域，微生物可以作为肥料。最具代表性的就是豆科植物根系上的根瘤菌，可以形成像小豆豆一样的根瘤。根瘤就像是一个小小的化工厂，能够把空气中游离的氮气固定下来，变成可以被大豆吸收利用的氮肥。细菌在农业害虫防治方面提供了很大的帮助。苏云金芽孢杆菌可以产生一种被称为伴孢晶体的内毒素，进入昆虫的消化道后，被昆虫的碱性肠液激活，产生毒性，使昆虫死亡。而哺乳动物的消化道呈酸性，所以伴孢晶体对哺乳动物而言是无毒的。如果将合成伴孢晶体的基因转移到作物中，就不需要化学农药了，我国很多棉花植株中就转入了伴孢晶体基因，已达到防治棉铃虫的目的。

大家一定都听说过转基因大豆。在国外，大豆是机械化种植的，需要有效的除草剂来清除杂草，草甘膦就是一种广泛使用的除草剂。正常的大豆同样会被草甘膦杀死，但是如果将存在于农杆菌中的一个抗草甘膦基因转到大豆中，就可以使大豆抵抗草甘膦，而其他杂草会被杀死。

2015年，和中国科学家屠呦呦一起获得诺贝尔生理学或医学奖的还有美国科学家坎贝尔和日本微生物学家大村智，他们从链霉菌

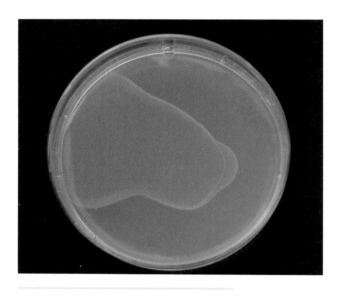

实验室中培养线虫的培养皿（直径60毫米）和琼脂培养基，中间铺有一层大肠杆菌作为线虫的食物

菌株中分离出阿维菌素，后又改进为伊维菌素，在农业上可以有效抗击由线虫类寄生虫引发的疾病，也可以用于治疗人类疾病。

结合基因工程，细菌可以用来合成、生产蛋白质。胰岛素可以用于治疗糖尿病，将人的胰岛素基因转移到大肠杆菌中，经过发酵、回收、纯化，就可以获得人重组胰岛素。通过基因工程，很多蛋白类药物都可以利用细菌或酵母菌来进行生产。

科学观察

小朋友们在日常生活中经常会喝酸奶、乳酸菌饮料等，仔细观察它们的营养成分列表，它们都含有哪些有益微生物呢？请把观察结果记录下来。

不能进行光合作用的原生生物 ——
原生动物

　　真核生物与原核生物最大的区别就是真核生物具有由核膜包被的细胞核以及有膜的细胞器。原生生物是一类数目较多、个体微小、进化上比较原始、多数为单细胞的真核生物。部分原生生物是群体或多细胞的，如盘藻、空球藻和团藻等。作为真核生物，原生生物的有些种类的细胞内具有一个细胞核，有些种类的细胞内具有多个细胞核。单细胞的原生生物的细胞是全能性的。按照传统的三域六界说的生物分类方法，原生生物属于原生生物界，但是不同原生生物之间的亲缘关系可能距离较远。

原生生物的营养类型多样化，有自养型，利用光能，以二氧化碳作为主要或唯一的碳源；有异养型，以环境中的有机物为能源和碳源；有混合营养型，有光线时，能进行光合作用营自养，没有光线时以环境中的有机物为能源和碳源营异养。本章主要介绍不能进行光合作用的原生生物，有时也被称为原生动物。

眼虫是具有线粒体的真核生物。大多数眼虫具有叶绿体，能够进行光合作用，为完全自养型。有些种类的眼虫，在缺乏光线的情

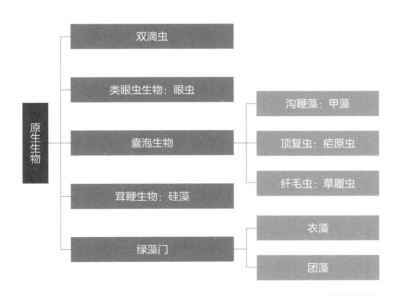

原生生物的进化和分类

况下，叶绿体变小，开始吞噬有机物，进行异养生活。如果缺乏光线的时间不长，只有几个小时，眼虫体内的叶绿体又恢复了功能，眼虫的身体也就恢复成绿色。眼虫身体的前端有两根长短不同的鞭毛，它通过摆动鞭毛使身体运动。眼虫虽然名字中带个"虫"字，但是和昆虫没有一点关系。单细胞的眼虫虽然没有眼睛，却有像眼睛一样的能够感光的眼点。借助眼点感光和鞭毛的摆动，眼虫就可以向着光线充足的地方游动。

顶复虫是一类能够寄生在动物体内的单细胞寄生虫，其细胞的一端有一个特化的细胞器 —— 顶复体，这就是顶复虫名称的由来。顶复体可以帮助顶复虫入侵宿主的细胞和组织。

小朋友们可能对顶复虫比较陌生，但是其中有一类大家肯定很熟悉，那就是导致人类和动物感染疟疾的疟原虫。疟疾是严重危害人类健康和生命安全的重大传染病之一，《中华人民共和国传染病防治法》将其列为乙类传染病。世界卫生组织将疟疾与艾滋病、肺结核一起列为全球三大公共卫生问题。

20世纪60至70年代曾有两次大范围的疟疾爆发，高峰时期患病人数超过2000万。疟原虫由按蚊传播。金鸡纳树原产于秘鲁，科学家后来发现其树皮可以治疗疟疾。1820年，科学家从金鸡纳树树皮中分离鉴定出有效的成分——奎宁。19世纪中期，荷兰人在爪哇岛（位于今印度尼西亚）引种成功。奎宁在第二次世界大战中为治疗盟军的疟疾病人发挥了重要作用。由于德国可利用的金鸡纳树资源有限，凭借化工优势，德国科学家于20世纪40年代在奎宁的结构基础上合成了新型抗疟药——氯喹。后来，以氯喹为基础，科学家又研制出一种新型抗疟药——羟氯喹，它的治疗作用与氯喹相近，但毒副作用显著减少。

但是到了20世纪60年代，一些地方的疟原虫对上述抗疟药产生了抗性。1967年5月23日，我国为期一周的联合会议"疟疾防治药物研究工作协作会议"开启了寻找抗疟新药的任务，称为"523任务"。"523任务"分为几部分：仿造西药或制造衍生物、从中药中寻找抗疟药、制造驱蚊剂等。

1969年，在中医研究院中药研究所工作的屠呦呦加入了该任务。军事医学科学院的科研人员发现，青蒿提取物对于疟疾具有60%—

80%的抑制率，但并不稳定。屠呦呦研究小组后来尝试了用不同的方式提取青蒿：水煎剂无效、95%乙醇提取物的药效仅30%—40%。1971年下半年，屠呦呦提出用乙醚提取青蒿，其提取物的抗疟效果达95%—100%，这一方法是当时发现青蒿粗提物有效性的关键。1972年，屠呦呦和她的同事成功地在青蒿中提取到一种无色结晶体，将其命名为青蒿素。临床试验证明，青蒿素具有极好的抗疟疗效。青蒿素作为新药，于1979年通过全国鉴定。2004年5月，世界卫生组织正式将青蒿素复方药物列为治疗疟疾的首选药物。2015年，屠呦呦和其他两位科学家一起获得诺贝尔生理学或医学奖。屠呦呦在获奖致辞中提到："青蒿素是传统中医药送给全世界人民的礼物。"青蒿素将无可估量地造福全人类。

纤毛虫是营异养生活的单细胞原生生物，其细胞外有无数的纤毛，草履虫是纤毛虫的代表，也是生物学实验中常用的观察对象。草履虫的体形像鞋垫，体内有两个细胞核，一大一小，靠全身的纤毛摆动使身体运动。

还有一类单细胞营异养生活的原生动物，跟前面提到的原生生物在进化上距离较远，那就是阿米巴，也被称作变形虫、阿米巴原虫，它可以通过伸长或收回伪足来改变自身性状或进行运动。目前自然环境中已发现2400多种阿米巴。溶组织内阿米巴是肠道寄生虫，通过受污染的水和食物进行传播，使人体感染阿米巴病，表现为急性腹泻、痢疾等症状。阿米巴病常见于卫生条件较差、缺乏洁净水的发展中国家，是这些国家儿童死亡的重要原因。

由于这些原生生物大多是单细胞，体形微小，所以我们只能借助于显微镜才能观察到。

？科 学 思 考

仔细观察我们身边形形色色的动物与植物，想一想：植物与动物的区别有哪些？

能进行光合作用的水生生物 —— 藻类

　　藻类是一类具有叶绿素、能进行光合作用、营自养生活的叶状植物，大多数生活在水中。与一般植物不同的是，藻类没有维管束和胚。藻类是一个复杂的生物类群，并不是一个自然分类的类群。有些藻类属于囊泡生物，例如沟鞭藻类；有些属于茸鞭生物，例如硅藻、褐藻；有些属于红藻门，例如石花菜、紫菜；有些属于绿藻门，例如衣藻、团藻、石莼、轮藻等。由以上名称可以看出，很多藻类的俗称是以颜色来命名的。

藻类可以分为海洋藻类和淡水藻类。海藻就是海洋里各种藻类的总称，多数是大型、多细胞、固定在海底的藻类，包括红藻、褐藻及绿藻。根据生态特点，藻类可以分为浮游藻类、漂浮藻类和底栖藻类。

沟鞭藻，也称为甲藻，是多数能进行光合作用的、具有两根鞭毛的单细胞藻类，借助鞭毛的摆动，身体能够自由游动。它的细胞壁具有由坚硬的纤维素构成的板片，就像盔甲一样，所以叫甲藻。海水和淡水中都有甲藻的身影，它可以作为其他微生物或无脊椎动物的食物，是食物链中的初级生产者。在适宜的条件下，海洋里的甲藻会呈指数式生长，形成赤潮，使海水变为红色，能产生比眼镜蛇毒素还要危险的甲藻毒素，对鱼、虾、贝的危害很大，如果人类误食，可能会中毒身亡。能形成赤潮的浮游生物的种类很多，但甲藻、硅藻类大多是优势种。

硅藻是浮游藻类中一个特别重要的类群，是海洋中最"成功"的浮游光合生物之一，产生了地球上超过20%的初级生产力，并在地球的元素循环和气候变化中发挥着重要的作用。最早的硅藻化石

可以追溯到由恐龙主宰的侏罗纪。硅藻的细胞壁的主要成分是果胶质和硅酸，没有纤维素，这与很多藻类、细菌、植物、动物都不一样。硅藻的细胞壁外面还包裹着一层二氧化硅，大家熟悉的沙子、普通玻璃的主要成分就是二氧化硅，这也是硅藻名称的由来。硅藻的细胞壁通常被称为壳壁，由两个半瓣结构套合而成，很像一个盒子和盒盖，能起到保护作用，抗压能力很强。硅藻的硅质细胞壁形成复杂的结构，多呈对称排列，在显微镜下看起来非常美丽，这也是硅藻分类的重要依据。

硅藻有着出色的光合能力，这与捕捉光线的蛋白质复合体有关。2019年，中国科学院植物研究所的沈建仁、匡廷云研究团队与其他科学家合作，以一种羽纹纲硅藻为研究对象，破译了这个蛋白复合体以及捕捉光线系统的高分辨率结构，阐明了硅藻高效捕获蓝绿光、高效传递和转化光能以及光保护的机理，为人工模拟光合作用、指导设计新型高光效作物提供了新思路和新策略。这项重要的发现同时入选2019年度"中国科学十大进展""中国十大科技进展新闻"和"中国生命科学十大进展"。

褐藻大多是多细胞、有组织分化的大型藻类。褐藻的个体呈现褐色，这是因为细胞内的质体（类似叶绿体的细胞器）除了含有叶绿素之外，还含有较多的墨角藻黄素等褐色素。褐藻的细胞中还有大量的碘，海带就是褐藻的代表，所以海带是补充碘元素很好的食材。

红藻的藻体呈现红色、紫红等不同的颜色，是因为红藻细胞的质体中含有大量的藻红蛋白和藻蓝蛋白。与其他藻类不同的是，红藻在整个生活史中，细胞都不具有鞭毛。红藻的代表物种是紫菜。小朋友们喜欢吃的海苔就是由紫菜制成的，紫菜还是寿司的重要食材哦！

绿藻是最像植物的藻类，被认为可能是陆生植物的祖先。有些科学家将绿藻分为两类：绿藻和轮藻。绿藻形态多样，有单细胞、多细胞、群体等类群，绿藻细胞都具有眼点。有些绿藻与真菌共生，形成地衣。衣藻是绿藻中的单细胞类群，有两根等长的鞭毛。团藻是绿藻中的群体细胞类群，成百上千个细胞不重叠地排列成一个中空的、由单层细胞构成的球状团聚体，每个细胞又能独立生活。球状团聚体中的大部分细胞都是营养细胞，有少数细胞分化为较大的生殖细胞，代表着单细胞游泳藻类向定型群体转化。有学者认为团

藻是生命由单细胞生物向多细胞生物进化的过渡类型，在生命进化上有重要的意义。石莼是大型多细胞绿藻的代表类群，藻体呈片状或管状，海滩上常见的海莴苣就是典型的代表。轮藻是有点像陆生植物的绿藻，有根、茎、叶的分化，有学者认为轮藻可能是与陆生植物亲缘关系最近的现在还存在的类群。

小朋友们，我们已经认识了五花八门的藻类成员，要不要来一盘凉拌海带丝补一补碘，或者吃几片薄脆的海苔呢？

海带味道鲜美，是补充碘元素很好的食材。想一想：人体为什么需要碘元素？

11

简单的多细胞动物 ——
生活在土壤里的秀丽线虫

20世纪70年代，DNA是生命的遗传物质成了科学家的共识，科学家也大致搞清楚了分子水平上的基因是如何指导蛋白合成的。当时，生命科学研究使用的材料大多是病毒、大肠杆菌等，形式非常简单。而生命大多是多细胞生物，科学家想研究多细胞生物的发育，就需要寻找一种简单的多细胞生物，因此，生物学家悉尼·布伦纳就找到了秀丽线虫，简称线虫。野生状态的线虫生活在土壤里，以土壤中的细菌为食，在亲缘关系上跟常见的人类寄生虫 —— 蛔虫比较接近。秀丽线虫的食物是大肠杆菌，在实验室中，可以用培养皿培养秀丽线虫。

　　线虫本身有很多适合研究的特点，它的体长约为1毫米，易于在实验室大规模培养，既可固体培养，又可液体培养，而且成本较低，对培养条件的要求也不高。绝大多数线虫以雌雄同体的形式存在，以自体受精的方式繁衍后代，这就保证了上一代和下一代的基因型基本一致。同时，雌雄同体个体又能以很小的概率产生出雄性个体，雌雄同体个体可以和雄性个体交配，从而得以开展遗传杂交实验。线虫刚产的卵三天左右就可以成长为成熟个体，并再次产卵，卵发

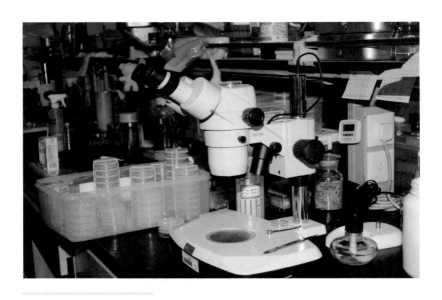

实验室中用于转移观察线虫的解剖镜

育到能再次产卵的循环称为一个世代。线虫的寿命是指从卵产生到线虫死亡的过程，大约为18天。线虫经常作为研究寿命的材料。线虫很小，在实验室里，要用专门的工具在解剖镜下对线虫进行操作。

20世纪70年代，布伦纳实验室的苏尔斯顿和霍维茨仔细观察了线虫从受精卵到成虫的发育过程，发现雌雄同体线虫一生一共产生1090个体细胞，在发育过程中死亡131个，所以成虫只有959个体细胞。两位科学家给每一个细胞都编了一个号码，或者说命名，搞清楚了线虫是怎样从受精卵分裂为两个细胞，两个细胞又怎样分裂成四个，哪些细胞发育成了神经细胞，哪些细胞发育成了肠道细胞，哪些细胞发育成了肌肉细胞。同时，他们还发现，死亡的131个细胞遵循严格的程序，即特定的细胞在特定的发育阶段、特定的位置死亡，这种细胞死亡的方式被称为细胞凋亡。霍维茨研究发现，线虫的细胞凋亡是由基因控制的。由于布伦纳、苏尔斯顿和霍维茨在线虫发育和细胞凋亡方面的突出贡献，三位科学家获得了2002年的诺贝尔生理学或医学奖。

线虫的卵细胞和精子在体内相遇，形成受精卵并开始发育，所

以在成虫体内，可以看到卵细胞以及处于不同阶段的胚胎。有的胚胎有两个细胞，有的胚胎有四个细胞，有的有十几个细胞。在雌雄同体成虫的959个体细胞中，神经细胞有338个，占三分之一以上，表皮细胞有213个。线虫的肠道占了身体的很大部分，但是消化道细胞只有143个。

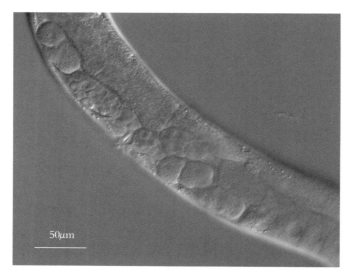

50μm

线虫体内处于不同
发育阶段的胚胎

转基因技术不仅可以培育新的作物品种，还是研究基因功能的重要手段。秀丽线虫通过注射的方式实现转基因。首先将直径1毫

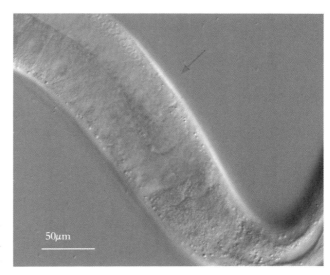

线虫的生殖腺
（图中红色箭头所示）

50μm

米的毛细管用特殊的仪器制作成毛细管针，针尖的直径只有几微米，

然后将毛细管针黏附到墙壁上，再将DNA溶液加入到毛细管中，并

将毛细管针固定在显微注射仪上，这样就可以注射线虫的生殖腺了。

　　2000年6月26日，美国、英国、中国、德国、法国、日本六国

的科学家宣布，人类基因组"工作框架图"完成绘制。很多人不知

道的是，人类基因组的研究其实与线虫密切相关，因为负责人类基

因组计划英国部分的苏尔斯顿和实际负责美国部分的沃特斯顿早期

都从事线虫研究。1998年，秀丽线虫全基因组测序完成，这是第一

个完成全基因组测序的多细胞生物，为人类基因组测序奠定了坚实的基础。线虫的基因组非常小，大约只有1亿个碱基对，是人类基因组的三十分之一。但是，线虫约有2万多个编码蛋白质的基因，数量跟人类差不多。在外形上，线虫和人类相差甚远，但是人类的某些基因在线虫体内也可以正常表达，并发挥同样的功能。你们说，生命是不是很神奇？

现如今，科学家们利用秀丽线虫展开多方面的研究，包括细胞凋亡的机理、神经系统发育、人类基因功能等。秀丽线虫作为一种模式生物，贡献卓著。想一想：科学家为什么将秀丽线虫作为研究对象？

12

拟南芥 —— 植物研究的代表

我们已经认识了很多微生物，包括细菌、藻类和单细胞动物等，在这一章中，我们一起来认识日常生活中最常看到的生命 —— 绿色植物。绿色植物包括苔藓植物、蕨类植物、种子植物等。种子植物又分为裸子植物和被子植物，前者包括松树、柏树等，后者包括许多我们熟悉的花花草草。认识不同种类的植物，是植物分类学家的工作。目前地球上的被子植物有20多万种之多，超过植物界总种数的一半。《中国植物志》是中国植物资源的"国情报告"，这个编研成果荣获2009年度国家自然科学一等奖。

植物从一粒种子萌发到成长为一株完整的植物，在这个过程中基因是如何表达调控的，科学家并不完全清楚。而人类赖以生存的粮食、蔬菜等都来自植物，如果能够深入了解植物在分子水平的生长发育过程，就可以更好地保障人类的健康。

正如秀丽线虫和黑腹果蝇是科学家常用的研究对象一样，拟南芥就是科学家研究植物的模式生物，被称为植物研究中的"果蝇"。被子植物可以分为单子叶植物与双子叶植物。水稻属于单子叶植物，作为人类最重要的粮食作物，水稻常常被看作单子叶植物研究的代表，而与水稻相比，作为双子叶植物的拟南芥更适于科学研究。

拟南芥的众多特点使它成为科学研究中的模式生物。拟南芥的植株小；它的生命周期短，从种子萌发到再形成种子只需6—8周；它产生的后代多，一株拟南芥可以产生上万粒种子；通过化学诱变可以使拟南芥基因发生突变从而产生突变株，可供进一步研究；拟南芥是二倍体，即细胞核内同一染色体有两条，它有5对染色体，而人类也是二倍体，有22对常染色体和1对性染色体；自然条件下，拟南芥是自交繁殖植物，即一朵花的花粉给同一朵花的柱头授粉，这样可以保证诱变后的突变基因在后代中是纯合的。此外，拟南芥的核基因组是目前已知的高等植物中最小的，所以它也是最早完成全基因组测序的高等植物。随着生命科学研究进入了后基因组时代，除了水稻外，拟南芥是科学家投入最多精力进行研究的植物，即最重要的模式植物。

拟南芥的种子多而小，一粒成熟的野生型种子仅有0.3—0.5毫米，肉眼刚刚能看清。一个长角果中约有50—60粒种子，而一株拟南芥可以产生500—600个长角果。种子在干燥之前，种皮呈半透明状态，有利于直接在显微镜下观察胚的发育过程。

拟南芥长出5—9片叶子后，茎上就会分化出花芽，一般在种子萌发后的14天可以看到花蕾。拟南芥是十字花科植物，所以它的花有典型的十字花科植物的特点：花萼和花瓣各四片，排列成十字形，故称为十字花冠，它有6枚雄蕊，4长2短。在花成熟的过程中，花粉母细胞先经过减数分裂，由二倍体变成单倍体，再进行两次有丝分裂，发育为成熟的花粉粒，每一颗花粉粒中含有一个营养细胞和两个精子。雄蕊的花粉成熟后，花药开裂，花粉落到同一朵花的雌

蕊柱头上，柱头识别花粉粒，识别正确后，柱头会释放水分和花粉粒水合物，然后花粉会在柱头上萌发，进入柱头，长出花粉管，延长进入雌蕊的胚珠。花粉粒中的一个精子和卵细胞结合，形成合子，合子细胞变成二倍体，最终发育成胚，而另外一个精子与二倍体的中央细胞融合，变成三倍体，最终发育成胚乳，这就是被子植物的双受精现象。

柱头识别花粉粒这一现象是很特别的，当其他植物的花粉落到拟南芥的柱头上，柱头是不会释放水合物的，所以异类的花粉就不会在柱头上萌发。柱头识别成功后的水合过程很快，不到10分钟，花粉就由具有三沟的椭圆形或柱形，吸水变成近乎球形。2016年，中国科学院遗传与发育生物学研究所的杨维才研究组以拟南芥为材料，首次分离了花粉管识别雌性吸引信号的受体蛋白复合体，并揭示了信号识别和激活的分子机制，研究成果发表在国际著名学术期刊《自然》上，并入选同年度"中国生命科学领域十大进展"。

作为双子叶植物的拟南芥具有发达的直根系。直根系可以吸收、运输水分与矿物质元素，具有固定植株的功能。拟南芥的植株小，可以将它种植培养在含有透明固体培养基的培养瓶中，这样就很容易观察根系的生长过程。拟南芥根尖的最外面是表皮，由近似长方形、排列整齐的表皮细胞构成。表皮细胞有两类：有根毛细胞和无根毛细胞。根毛是由表皮细胞延伸而成的，增加细胞的表面积以便更好地吸收水分和矿物质。显微镜下观察根的横切面，可以看到有根毛细胞只有8个，而无根毛细胞有8—15个。表皮细胞之下是皮层细胞，有8列，与8列有根毛细胞相对应。皮层细胞之下是内皮层，内皮层包围中柱，由中柱鞘、木质部和韧皮部三个部分组成。木质部位于根的中心，由导管、管胞、木纤维和木薄壁细胞组成，起到运输物质的作用。

以拟南芥为材料，开展分子遗传学、发育生物学、细胞生物学和生理学等领域研究，是当前植物生物学研究的热点。2019年6月17至6月20日，第30届国际拟南芥大会在湖北武汉举行，来自全球千余名代表参会。国际拟南芥大会被公认为全球植物科学领域水平最高的学术会议，这是该会议第二次在中国举办，表明我国拟南芥研究得到了国际同行的高度认可。

十字花科植物包括多种蔬菜，如白菜、卷心菜等。小朋友们可以查阅相关资料，看看哪些是十字花科植物。有机会仔细观察一下十字花科植物的花，尝试分辨雄蕊和雌蕊，并记录下来吧！

植物的叶子

　　绿色植物是地球生物圈的重要组成部分。叶子是植物十分重要
的器官，有利于植物吸收光、二氧化碳等进行光合作用。叶子也是
四季变换的见证者。春天万物复苏，树木冒出绿色的嫩芽；夏天枝
繁叶茂，绿草悠悠；秋天最为绚丽斑斓，有金色的银杏、黄色的法
国梧桐、火红的黄栌和碧绿的爬山虎；冬天树叶凋零，万籁俱寂。

叶子的主要功能是通过光合作用固定空气中的二氧化碳，同时生成氧气，为植物自身的生长和发育提供营养，为地球生物圈提供能量。

叶片的表皮细胞外面附有一层角质层，角质层上面还可能覆盖蜡质，可以防止过度失水，也可以保护叶片免受真菌等寄生物的侵袭。叶片的上下表皮分布着许多小孔，称为气孔，是气体进出的门户。气孔由两个保卫细胞组成，保卫细胞通过膨胀和收缩控制气孔

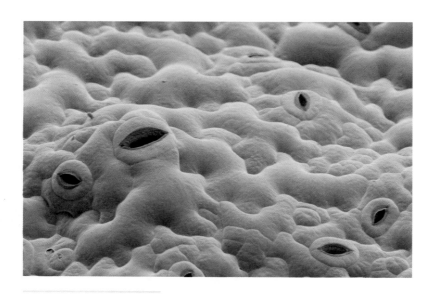

拟南芥叶片表皮上的气孔的扫描电镜图

开关，调节气孔大小，从而调节气体交换和水分散失。由于阳光直射叶片的上表面，为了减少水分通过气孔的蒸发，上表面的气孔数量比下表面少。不同种类植物的气孔张开程度是不同的，拟南芥的气孔张开得比较大，水稻的就比较小。

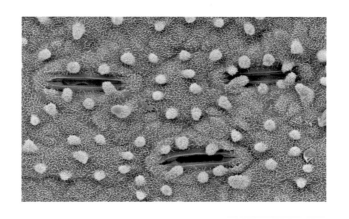

水稻叶片上的气孔的扫描电镜图

双子叶植物叶片中的基本组织称为叶肉，由含有叶绿体的薄壁细胞组成。质体是植物细胞特有的细胞器，叶绿体是质体的一种，而且是叶片中最重要的质体，它含有光合色素 —— 叶绿素。叶肉组织分为两类：靠近上表皮的栅栏组织和靠近下表皮的海绵组织。栅

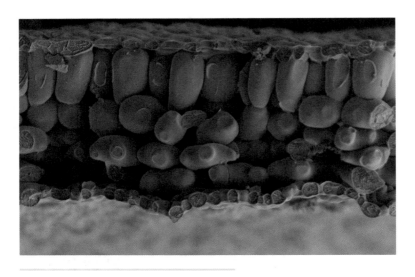

拟南芥叶片横断面的扫描电镜图，图中上层为上表皮，栅栏组织和海绵组织很容易区分

栏组织的薄壁细胞排列紧密，利于吸收光线；海绵组织则排列疏松，细胞间有空隙。

叶片中的维管组织形成叶脉，分布在叶肉组织中，由不含叶绿素的薄壁组织、厚角细胞等支持组织包围维管束形成。叶片的维管束由木质部和韧皮部组成，与茎部的维管束相连通。叶脉一方面负责运输水分和无机盐，输出光合产物，另一方面又起到支撑叶片的作用。

　　根据种子的结构，植物学家将地球上的被子植物分为单子叶植物和双子叶植物两大类。子叶是指在植物种子胚中最先形成的"叶子"。胚中有一片子叶的植物称为单子叶植物，例如水稻、小麦、百合等；有两片子叶的称为双子叶植物，如拟南芥、各种豆类等。单子叶植物的叶脉是平行的，根一般为须根系；双子叶植物的叶脉呈网状，根一般为直根系。

　　叶片的形态特征主要包括大小、形状、边缘、颜色、叶柄大小、

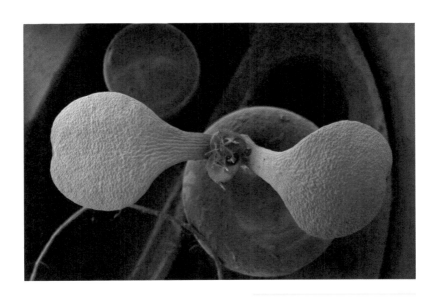

拟南芥的双子叶萌发形成叶片的扫描电镜图

叶表面附属结构等，这些特征多是由基因决定的，同时也受外界环境的影响。

叶片的颜色主要是由质体和液泡的颜色决定的。质体中的光合色素主要有叶绿素、类胡萝卜素和藻胆素三大类。绿藻和高等植物的叶绿素包括叶绿素a和叶绿素b，叶绿素a呈蓝绿色，叶绿素b呈黄绿色。类胡萝卜素是黄色或橙黄色的色素，包括胡萝卜素和叶黄素。藻胆素存在于蓝细菌和红藻中，包括藻蓝素、藻红素等。在"让细胞也具有缤纷的色彩"一章中，我们知道秋天树叶变黄，是因为叶绿体中的叶绿素分解，叶黄素的含量增多。而黄栌的叶子在秋天变红，则是因为叶片细胞中的另一种细胞器——液泡中的花青素的含量增加。液泡是植物细胞的重要组成成分，通常位于细胞中央，维持着细胞的紧张状态，支撑叶片的形态。当植株缺水时，液泡内的水分也会流失，细胞的紧张状态被破坏，叶片也就萎蔫了。

显微镜下观察到的叶绿体一般为扁平的椭圆形，多数植物的每个叶肉细胞含有50—200个叶绿体。叶绿体是具有双层膜结构的细胞器，内膜结构的基本单位是类囊体，许多圆盘状类囊体摞在一起组成基粒，一个叶绿体一般含有40—60个基粒。

秋天，树叶变黄、掉落是植物衰老的一种表现。叶片衰老时，叶绿素降解，叶绿体肿胀，完整性丧失，基粒数减少，其他细胞器的数量也相应减少，最后液泡膜溶解，液泡中的各种水解酶扩散到整个细胞，消化所有细胞器，细胞自溶解体。

叶片从植株上脱落的部位称为离区，这是叶柄基部特化的区域。离区中有几层细胞比周围细胞小，排列整齐，具有分生能力，这几层细胞称为离层。叶片衰老到一定程度，在植物激素的调控下，离层细胞分化形成，在酶的作用下，细胞壁降解，最终在外力的作用下，叶片飘摇落下，结束了它的一生。

树叶的光合作用，是目前已知的唯一通过分解水产生氧气的生物过程，对地球上的生命至关重要。可以说，没有绿色植物的光合作用，地球上就不会有动物存在，当然也不会有人类的诞生。

从公园里捡一些树叶，仔细观察比较它们的大小、边缘和叶脉等，并尝试画下来吧！

奇形怪状的植物花粉

我们已经了解了拟南芥花粉的成熟过程和授粉过程。花粉是植物的雄性生殖细胞，人类很早就意识到花粉的存在，早在《神农本草经》里就有关于松黄和蒲黄的药用功效的记载。松黄就是松树的花粉，蒲黄就是香蒲的花粉。然而，只有在显微镜诞生后，人们才能看清花粉的大小和形状。不同植物的花粉大小差异很大，比如勿忘草的花粉直径只有5微米左右，和大肠杆菌的大小差不多。最大的花粉是一种高卷柏的花粉，直径有1.5毫米左右。多数植物的花粉直径约为25—50微米，和一般真核生物的细胞大小差不多。

不同种类植物的花粉形状差异很大。根据花粉是否集合在一起，可以分为复合花粉和单粒花粉两类。只有单独一个花粉粒的花粉称为单粒花粉。凡是两个以上的单粒花粉集合在一起的花粉称为复合花粉。两个单粒花粉结合在一起称为二合花粉，四个单粒花粉结合在一起称为四合花粉，例如杜鹃科的植物。此外，还有八个、十六个单粒花粉结合在一起的情况。花粉粒的形状、大小、表面的突起、纹饰以及萌发孔的数目等随植物种类而异。

根据花的传粉方式，可以将花分为两大类：虫媒花和风媒花。虫媒花由蜜蜂、蝴蝶等昆虫进行传粉，这类花的特点是花朵硕大、颜色鲜艳、气味芬芳，从而吸引昆虫前来。虫媒花的花粉表面纹饰复杂，便于附着到昆虫的身体上。风媒花靠风力传粉，花小但是花粉数量多，一朵花可以产生几十万粒花粉，花粉表面也不需要复杂

的纹饰，这有利于花粉在空中飞翔。

蜜蜂在用口器采蜜的同时，也用三对足在雄蕊上刷集花粉，然后用前、中两对足的跗刷收集花粉，传递到后足外侧的"花粉筐"中。所以，用显微镜观察蜂蜜，常常能看到很多花粉。观察花粉的种类和数量，可以帮助判断蜂蜜的产地和质量。

花粉中含有丰富的营养物质，包括蛋白质、游离氨基酸、糖类、维生素、矿物质、微量元素、活性酶类等，可以作为保健品食用。

我国的花粉资源极其丰富，常见的商品花粉品种有油菜花粉、玉米花粉、荷花花粉等，其中荷花花粉的营养价值最高，清香微甜，口味极佳。

花粉作为植物的雄性生殖细胞，在科学研究中也具有重要的意义。

小朋友们一定听说过袁隆平和杂交水稻的故事。科学家已经认识到水稻具有杂种优势的现象，尤其是水稻的两个亚种，籼稻和粳稻之间杂交产生的杂种，产量更高。由于水稻是自花传粉植物，必须靠人工进行杂交，如此一来，在生产上进行大规模的制种是很困难的。袁隆平认识到，要想利用水稻的杂种优势，首先要找到雄性不育的水稻。1964—1965年，袁隆平与科研小组在稻田进行杂交育种试验，共找出6株雄性不育的水稻植株，不育的原因有无花粉、花药不开裂、花粉形状不规则等。

1966年，袁隆平在《科学通报》上发表了《水稻的雄性不孕性》一文，标志着我国杂交水稻征程的开端。虽然后来这些雄性不育的植株被证明很难应用到生产上，但是袁隆平团队并没有放弃寻找雄性不育的水稻。

幸运的是，1970年冬，在海南三亚的南红农场，袁隆平的助手李必湖和农场技术员冯克珊发现了一株雄性不育的野生稻，不育是由花粉败育导致的。正是在此基础上，中国的杂交水稻开始大规模应用到生产中。

在自然界中，自花传粉的植物还是比较少的，大部分是异花传粉。所谓自花传粉，就是指一朵花的雄蕊上的花粉落到这朵花的雌蕊的柱头上，并成功完成受精过程。所谓异花传粉，就是指一朵花的花粉落到另一朵花的柱头上，这两朵花可能位于同一植株，也可能位于不同植株。如果两朵花来自不同的植株，那么，这两个植株的遗传背景在很大情况下是不同的。而遗传背景不同的两株植物受精产生的种子，往往具有更强的适应能力，可以生长得更好，这在进化上是有利的。

有些异花传粉的植物会产生一些特殊的机制来保证这种进化上的有利性，其中一种机制称为自交不亲和性，即一朵花的雌蕊不能接受同一株植物其他花的花粉并完成受精。据科学家估计，近一半的被子植物存在自交不亲和现象。自交不亲和背后有着复杂的生物

学机制。中国科学院遗传与发育生物学研究所薛勇彪实验室克隆了一个调控自交不亲和的基因，并阐明了其作用机制，该项研究荣获2007年度国家自然科学二等奖（显花植物自交不亲和性分子机理）。

　　小朋友们家中可能都有可食用的蜂蜜，你们可以取一点涂到载玻片上，盖上盖玻片，到显微镜下进行观察，看看其中的花粉都是什么形状的，其数量大概有多少。

　　取一滴家里的蜂蜜，滴在载玻片上，盖上盖玻片，放在显微镜下进行观察，能不能看到花粉呢？快把你的观察记录和观察心得写下来吧！

15

科学家从黑腹果蝇那里学到了什么

科学研究总是从简单到复杂的。科学家当然十分关心人类自身，但人是一种复杂的高级动物，而且科学家也不能随便用人体进行实验，所以他们会寻找一些有代表性的物种作为科学研究的对象，这些生物被统称为模式生物。前面我们了解的秀丽线虫就是一种代表简单多细胞动物的模式生物，但是线虫没有器官的分化，所以科学家就找到了一种更高级的动物——黑腹果蝇，这是一种像苍蝇一样的昆虫。

俗话说"种瓜得瓜，种豆得豆"，小兔子长得像兔子妈妈，不像狐狸，这是个遗传学问题，为什么会这样呢？最先采用实验方法研究这个问题的是奥地利科学家孟德尔。他用豌豆做实验材料，分析具有不同特征的豌豆种子，这些特征可以称为性状。孟德尔认为性状是由遗传因子决定的，他发现了遗传学的基本定律，但是他的研究太超前了，没有引起同时代科学家的注意和重视。1900年，孟德尔的实验结果才被其他科学家重新提出来，他的杰出贡献才慢慢被世人所认识。在孟德尔的时代，遗传因子还没有名称，1909年，丹麦植物学家将其命名为"gene"。后来，我国现代遗传学奠基人之一谈家桢先生将其翻译为"基因"。现在，"基因"已经是大家耳熟能详的名词了，虽然很多人未必明白其确切的意思。

基因虽然有了名字，但是它到底是什么样的呢？

1901年，动物学家卡斯特首先将黑腹果蝇作为研究对象。黑腹果蝇属于昆虫纲双翅目昆虫，它的发育经过卵、幼虫、蛹和成虫四个阶段，即完全变态发育。作为模式生物，黑腹果蝇具有一定的优点，它的体形较小，易于培养，繁殖较快，仅十多天就能繁殖一代，

染色体便于观察。1908年，美国遗传学家摩尔根也开始利用果蝇开展研究。1910年，摩尔根在实验室培育果蝇，在一群红眼野生型果蝇中，他偶然发现了一只白眼雄性果蝇，这是科学家发现的第一个果蝇突变体。摩尔根独具慧眼，立刻认识到这只白眼果蝇的巨大价值。1910—1915年，摩尔根和他的学生们以果蝇为实验材料，取得了一系列成果。果蝇有四对染色体，包括一对性染色体和三对常染色体。雄果蝇的性染色体是X和Y，雌果蝇的性染色体是X和X。常染色体分别为一对2号染色体、一对3号染色体和一对4号染色体，其中4号染色体相对较小。染色体可以在显微镜下进行观察，通过一系列遗传学实验，摩尔根将白眼性状跟X染色体联系在一起，认为

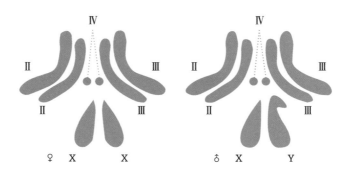

雌果蝇（左）和雄果蝇（右）的染色体

控制白眼的基因就位于X染色体上，从而得出基因位于染色体的重要结论。当时，人们仍然不知道基因的化学本质是什么。今天我们已经知道，染色体是由核酸和蛋白质共同组成的，而起遗传作用的是脱氧核糖核酸。

1933年，摩尔根获得了诺贝尔生理学或医学奖，获奖理由就是"发现了染色体在遗传过程中发挥重要的作用"。而将"gene"翻译为"基因"的谈家桢就是摩尔根的学生。

自然状态下的突变，发生概率是很低的。为了获得更多的果蝇突变体，摩尔根的学生穆勒发明了利用X射线产生的辐射诱导果蝇产生突变的方法，为此，穆勒获得了1946年的诺贝尔生理学或医学奖。后来，X射线辐射的方法被放射性同位素钴60辐照或化学诱变剂所替代，这也是现在常用的实验方法。

1995年的诺贝尔生理学或医学奖授予摩尔根学生的学生路易斯以及另外两位科学家，表彰他们阐明了果蝇早期胚胎发育的遗传调控网络。

人类的免疫反应分两种：天然免疫（也称固有免疫）和获得性

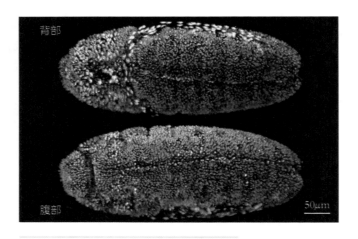

果蝇胚胎的早期发育图，每一个白点代表一个细胞核

免疫。而果蝇也具有天然免疫反应，原理跟人类很相似。科学家早前发现Toll基因在早期胚胎发育调控方面发挥了重要作用，后来，法国科学家霍夫曼发现这个基因在果蝇天然免疫反应中也发挥了重要作用。2011年，霍夫曼和另外两位科学家一起获得了诺贝尔生理学或医学奖。

很多植物和动物都存在昼夜节律现象，就像体内有一个生物钟。美国遗传学家西摩·本泽发现了一个昼夜节律错乱的果蝇突变体。此后，美国科学家杰弗里·霍尔、迈克尔·罗斯巴什和迈克尔·杨克隆出了产生突变的"周期"基因。随后，霍尔和罗斯巴什还阐明了果蝇产生昼夜节律的机制。这对解释包括人类在内的哺乳动物的生物钟现象起到很大的帮助。2017年，霍尔、罗斯巴什和杨一起获得诺贝尔生理学或医学奖。

别看果蝇结构简单，它在神经生物学等研究领域同样是重要的实验材料，至今世界上还有很多实验室正在以黑腹果蝇为材料，进行神秘的生命科学研究。小朋友们有没有兴趣在不久的将来参与其中呢？

黑腹果蝇是生命科学研究重要的模式生物，它的染色体便于观察。小朋友们，请查阅相关资料，想一想：黑腹果蝇的哪个器官的染色体最容易观察呢？

16

人体细胞知多少

　　生命科学研究的最终目标是研究人类自己。只是人类作为高等动物，结构复杂，人类个体又是肉体和意识的统一，研究人类具有一定的难度。此外，限于伦理等原因，科学家只能从简单的模式动物入手进行研究，如秀丽线虫、黑腹果蝇、斑马鱼、小鼠等，以获得生命活动的基本规律。最接近人类的模式动物是猕猴。虽然现在在地球上生活的哺乳动物中跟人类亲缘关系最近的是黑猩猩，但是由于黑猩猩的数量实在有限，科学家只好退而求其次，将数量较多的猕猴作为模式动物。这一章我们将聚焦人类自己，也就是人体本身。

　　从组织学和解剖学的角度，也就是从空间维度，人体可分为细胞、组织、器官和系统四个层级。细胞是生命体的基本结构单位和功能单位。人体有多少个细胞呢？据2016年的统计，一位体重70千克的成年男性，身体细胞约有30万亿个。我们从"对人类有益的微生物"一章中了解到，人体内含有的细菌数量比人体的细胞数量还要多。

　　这么多细胞该如何进行分类呢？按照不同的标准，可以有不同的分类方式。

　　传统的方式是按组织进行分类。形态和结构相似以及功能相关联的细胞借助细胞外基质结合起来，构成组织。人体的组织归纳起来分为四大类型：上皮组织、结缔组织、肌肉组织和神经组织。上皮组织包括皮肤表皮细胞、血管内皮细胞等，具有保护、吸收等功能。结缔组织由细胞和大量细胞外基质构成，包括脂肪组织、成纤维细胞、血液、淋巴、软骨和骨组织等。肌肉组织主要由肌肉细胞构成，可分为骨骼肌、心肌和平滑肌三种。神经组织由神经细胞（神经元）和神经胶质细胞组成，是神经系统最主要的组织成分。

再进一步细分，人体细胞可分为56个大类，其中数量占绝大多数的细胞类型如下表所示。包括红细胞、血小板和淋巴细胞在内的血细胞占了细胞总数的90%以上。

人体主要细胞类型的数量和质量

按细胞数量排序	细胞类型	细胞数量比例（%）	质量（千克）
1	红细胞	84	3
14	肌肉细胞	0.001	20
12	脂肪细胞	0.2	13
2	血小板	4.9	
3	骨髓细胞	2.5	
4	血管内皮细胞	2.1	
6	淋巴细胞	1.5	
7	肝细胞	0.8	
8	神经元与神经胶质细胞	0.6	10
9	表皮细胞	0.5	
10	支气管内皮细胞	0.5	
11	呼吸间质细胞	0.5	
13	真皮成纤维细胞	0.1	
5	其他类型细胞	2	
合计		≈100	46

因为不同类型细胞的体积不同，所以人体细胞的数量和质量并不成比例。以70千克的成年男性为例，扣除细胞外的液体质量（占25%）和固体质量（占7%），包括脂肪在内的所有细胞的质量约有46千克。红细胞的体积比较小，细胞数量虽然多，但是质量并不大，只有3千克。肌肉细胞占20千克，脂肪细胞占13千克，其他类型的细胞合计有10千克。

四大组织以不同的种类、数量和方式结合起来，共同执行某一种特定的功能，并具有一定的形态特点，由此构成了器官，如眼睛、耳朵、鼻子、心脏、肾脏等。若干个功能相关的器官联合起来，共同完成某一特定的连续性生理功能，即形成系统。人体由九大系统组成：运动系统、消化系统、呼吸系统、泌尿系统、生殖系统、内分泌系统、免疫系统、神经系统和循环系统。

上述是从空间维度来描述人体，如果从时间维度来看，人类从受精卵开始，经过胚胎发育阶段，分娩成为婴儿，经过幼儿、少年、青年等阶段，再到生物学意义上的成体，然后到了中年、老年阶段，在这个过程中，身体的各个器官以及细胞的形态、结构与功能都会

发生变化。

在空间和时间交错的同时，人体会发生各种各样的异常现象，包括发育异常、疾病等。

人体细胞除生殖细胞外，都含有22对常染色体和1对性染色体。对一个个体而言，这些细胞都是从一个受精卵发育而来的，所以染色体上携带的基因是一致的（只有极个别情况例外，例如抗体基因和某些癌细胞）。细胞类型之所以不同，主要是由于蛋白质等生命大分子的不同。相同的基因为什么会产生不同种类的蛋白质

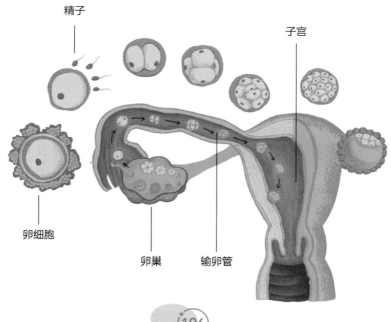

呢？这是因为基因的表达受严格的调控，在一个特定细胞内，不是所有的基因都会表达并合成蛋白质。随着单细胞测序技术的发展，科学家已经有能力分析某一个特定细胞的所有蛋白质种类及其含量的高低。

2016年10月，"人类细胞图谱计划"在英国伦敦正式启动，该计划致力于为健康人体中所有的细胞绘制一份图谱，涉及细胞的类型、数量、位置、关系和分子组成等。2020年3月，浙江大学研究团队在国际著名学术期刊《自然》上发表研究论文，他们对60种人体组织样品和7种细胞培养样品进行了高通量单细胞测序分析，系统性地绘制了跨越胚胎和成年两个时期、涵盖八大系统的人类细胞图谱，是"人类细胞图谱计划"的阶段性重要成果。但是，这距离最终目标还有很大距离。

关于人体细胞，有太多未知的奥秘，特别是神经细胞，更是神秘而复杂。小朋友们快快成长，将来有一天，也许你们会成为揭示这个奥秘的团队中的一员。

　　细胞是生命的基本单位，人体细胞数量庞大，种类丰富。聪明的小朋友们，快快和爸爸妈妈进行互动吧！指一指自己或爸爸妈妈的身体，你能说出哪些细胞呢？

血常规报告单里的秘密

　　小朋友们去医院最常做的检查就是血常规检查了。无论是发烧，还是咳嗽，医生首先会让病人做一个血常规检查，主要就是进行"全血细胞分析"。现在一般用全自动血细胞分子仪即可完成细胞分析，但是在很早以前，科学家需要用显微镜对血细胞进行计数。小小的一张血常规报告单里，到底藏着哪些奥秘呢？让我们一起来一探究竟吧！

在血常规检验报告单上，我们会看到很多名词：白细胞、红细胞、血红蛋白、血小板、中性粒细胞、淋巴细胞、单核细胞、嗜酸性粒细胞、嗜碱性粒细胞等。这些名词都是什么意思呢？这还要从我们的血液开始说起。

生命的重要特征之一就是新陈代谢，生命体需要从外界获取能量和营养。对于有器官分化的多细胞动物而言，需要将营养从消化系统运输到全身各处，将氧气从呼吸器官运输到全身各处，肩负这个重要任务的就是循环系统。对于高等动物而言，循环系统包括心血管系统和淋巴系统。心血管系统内循环流动的就是血液。

血液由血浆及悬浮在其中的血细胞组成。血细胞由红细胞、白细胞及血小板组成。其中白细胞包括中性粒细胞、淋巴细胞、单核细胞、嗜酸性粒细胞、嗜碱性粒细胞。细心的小朋友可以把血常规报告单中这五类细胞的绝对值相加，基本等于白细胞的数量。淋巴细胞又可以分为T淋巴细胞、B淋巴细胞和自然杀伤细胞。

这些血细胞是怎么来的呢？它们都是从多能造血干细胞发育分化而来的。多能造血干细胞首先分化为两类干细胞：髓样干细胞和

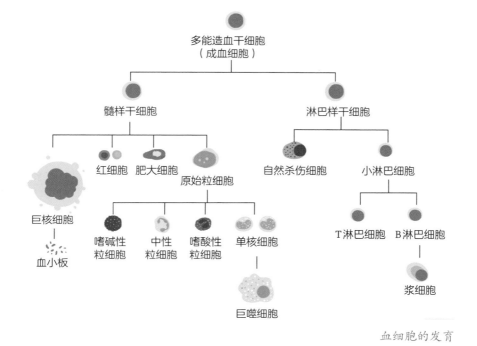

多能造血干细胞
（成血细胞）

髓样干细胞

淋巴样干细胞

红细胞　肥大细胞

原始粒细胞

自然杀伤细胞

小淋巴细胞

巨核细胞

血小板

嗜碱性
粒细胞

中性
粒细胞

嗜酸性
粒细胞

单核细胞

T淋巴细胞　B淋巴细胞

浆细胞

巨噬细胞

血细胞的发育

淋巴样干细胞，前者发育成多数种类的血细胞，后者分化出具有免疫功能的T淋巴细胞、B淋巴细胞和自然杀伤细胞。红细胞的寿命是100—130天，所以人体要不断产生新的红细胞。胎儿从母体分娩后，多能造血干细胞主要存在于骨髓中，这就是大家常说骨髓能造血的原因。

小朋友们都听说过一类可怕的疾病：白血病。这是一大类血液疾

病，造成疾病的重要原因是血细胞不能正常分化，停滞在某一阶段。大家常听说的急性髓系白血病，就是因为多能造血干细胞的分化停滞在髓样干细胞分化的某一阶段。而急性原粒细胞性白血病，就是因为分化停滞在原始粒细胞阶段，不继续分化，而产生恶性增殖。所以，治疗白血病的一种方法就是骨髓移植，即移植正常人骨髓中的正常多能造血干细胞。

直接将血液滴到载玻片上，拿到显微镜下进行观察，就会发现视野里密密麻麻的全是红细胞，很少能看到白细胞或血小板，这是因为血细胞中绝大部分都是红细胞，这与血常规报告单中是一致的。

包括人类在内的哺乳动物的红细胞没有细胞核，呈两面凹的圆饼状，在显微镜下非常像北京的著名小吃——焦圈。而有些低等动物的红细胞则不是这样的，比如蛙和鱼的红细胞，明显比哺乳动物的红细胞大，而且是有细胞核的。小鼠的红细胞直径小于10微米，而蛙类的红细胞直径接近20微米。

血液为什么是红色的呢？因为红细胞是红色的。红细胞为什么是红色的呢？因为红细胞里含有红色的血红蛋白。血红蛋白为什么

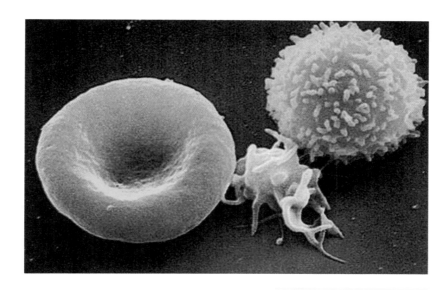

血细胞的电子显微镜图（从左到右分别为红细胞、血小板和白细胞）

是红色的呢？因为它由珠蛋白和血红素组成，血红素分子中含有铁，所以呈红色。血红蛋白可以结合氧气，血液能够向全身运送氧气，主要是靠血红蛋白。但并不是所有物种的血细胞都是呈红色的，有活化石之称的中华鲎（hòu）的血液是蓝色的，因为它的血细胞中运输氧气的不是血红蛋白，而是血蓝蛋白，血蓝蛋白中含有铜离子，与氧结合后呈蓝色。很多节肢动物的血液同样含有血蓝蛋白。

地中海贫血症是一种常见的血液遗传病，它是由组成血红蛋白

的珠蛋白基因发生突变导致的，珠蛋白结构发生改变，从而影响了血红蛋白携带氧气的能力。珠蛋白基因的突变有很多类型，还有一种突变会导致镰刀型细胞贫血症，珠蛋白结构与功能的改变使红细胞扭曲成镰刀状，故而得名。

看看自己或爸爸妈妈的血常规报告，想一想：白细胞有哪些种类呢？把这些细胞的数量相加，是否就等于白细胞的数量呢？

神奇的干细胞

干细胞是指生物体内尚未分化、具有强大的自我复制功能、具有分化成其他类型细胞的能力的一类细胞，想必大家对它并不陌生。目前用于科学研究的人类干细胞主要有三种类型：胚胎干细胞、成体干细胞和诱导多能干细胞。胚胎干细胞是胚胎发育早期的细胞，主要来自囊胚期的内细胞团细胞。成体干细胞是指来自胎儿、胎盘、脐带血和成人组织中的干细胞。诱导多能干细胞是通过人为操作、用转基因的方法将普通人类细胞转化而成的干细胞。目前进入临床研究阶段的多是成体干细胞。

1981年，科学家首次分离并培养出小鼠的胚胎干细胞。1998年，美国科学家詹姆斯·汤姆森等人成功建立人类胚胎干细胞系。人类胚胎干细胞的生长分化能力很强，可以在体外大量扩展，理论上可以分化形成人体内所有的细胞类型。但是，细胞强大的分裂能力和分化潜能既是优势，同时也是临床应用的障碍，因为目前科学家还无法控制胚胎干细胞输入人体后，到达恰当的位置以及向需要的细胞类型生长分化。如果控制不好，胚胎干细胞就容易分化成肿瘤细胞。

患者一般不可能利用自己的胚胎干细胞，这就涉及异体移植。所谓异体移植，就是将一个人的功能健全的器官、组织或细胞转移到另一个人体内，替代损坏或丧失功能的器官、组织或细胞。而人体的免疫系统会对外来的器官、组织或细胞产生免疫排斥反应，排斥反应的强烈程度取决于人类白细胞抗原是否匹配，所以异体移植需要配型。目前胚胎干细胞的临床试验开展较少。

成体干细胞广泛存在于人体的多种组织和器官中。在正常生理状态下，它们分裂分化出新的成熟细胞，以替代衰老损伤的细胞。在机体病变或损伤时，它们可以生长分化为特定功能的细胞，修复损伤，促进再生。成体干细胞的名称常常根据它们所在的组织或器官而定，比如神经干细胞、造血干细胞、骨髓间充质干细胞、表皮干细胞、脐带血干细胞等。成体干细胞的分化相对稳定，临床应用的安全性远远高于胚胎干细胞，所以近些年来，成体干细胞临床研究已经成为生物医学研究中一个活跃的领域，而其中应用最成功的就是移植骨髓造血干细胞，用于治疗白血病。

1956年，被誉为骨髓移植之父的美国医生唐纳尔·托马斯在以狗进行实验的基础上，完成了同卵双胞胎之间的骨髓移植实验，其中一位是白血病患者。随后的实验发现，非同卵双胞胎之间的骨髓移植会导致接受骨髓的患者因各种并发症而死亡，这就是免疫排斥现象。移植的健康骨髓中的免疫细胞，会对患者的多种组织、器官发起攻击，从而导致患者死亡。后来，托马斯医生采用严格的配型，同时配合使用免疫移植药物，终于在1969年成功进行异体骨髓移植。1990年，托马斯医生获得诺贝尔生理学或医学奖。直到造血干细胞被发现，我们才知道骨髓移植中起主要作用的是造血干细胞，而脐带血中也含有丰富的造血干细胞。

中国科学院遗传与发育生物学研究所的戴建武团队以胶原蛋白作为支架，结合女性的骨髓间充质干细胞，以此来修复受到损伤的子宫内膜，而很多女性不能怀孕的原因正是子宫内膜受到损伤。2014年7月14日，经过子宫内膜修复治疗后的第一例病人在南京鼓楼医院顺利分娩。

诱导多能干细胞最先由日本科学家山中伸弥于2006年培育成功。他将四种基因引入到小鼠的体细胞内，将这些细胞转化为类似胚胎干细胞的具有分裂和分化能力的细胞。山中伸弥因此获得了2012年的诺贝尔生理学或医学奖。科学家根据需要制备携带各种疾病模型的诱导多能干细胞，为深入探索生长发育的奥秘和疾病的发生机制提供了一种有力的手段。诱导多能干细胞可以利用患者自己的体细胞制备，不存在伦理争议，所以具有美好的应用前景。

在对人体特别是活的人体进行实验研究时，首先要考虑的就是伦理问题。这就涉及一个问题：从受精卵发育开始，处于哪个阶段的胚胎可以界定为"人"？目前国际上一般认定，自受精之日起，体外培养不超过14天，这个时候的胚胎处于囊胚期，14天后，胚胎就开始有神经组织的分化，所以科学家认为14天之前的胚胎是没有感觉、没有知觉、没有组织结构的细胞团，对其研究不涉及人权。

　　人体试验不方便开展，科学家只好借助模式动物。很多人类疾病都是由基因缺陷导致的，科学家人为地将模式动物中与疾病相关的某一特定基因失活（简称基因敲除），建立疾病动物模型，在此基础上寻找治疗药物，研究治疗方法。而小鼠作为体积小、繁殖快的哺乳动物，成为首选的动物模型。基因敲除技术最先就是在小鼠的胚胎干细胞上实现的。

　　发挥一下你的想象力，不同类型的干细胞都有哪些用途呢？

复杂的神经系统

    神经系统是人体九大系统之一，可以说是人体中最复杂的系统。神经系统包括中枢神经系统和周围神经系统。前者包括脑和脊髓，后者包括脑神经、脊神经和内脏神经。神经系统由两种细胞组成：神经元（也称神经细胞）和神经胶质细胞。神经元与神经胶质细胞约占全身细胞的0.6%，约有1800亿个。虽然神经胶质细胞的数量约为神经元的10倍，但是神经元却是神经系统的基本结构和功能单位，具有感受刺激和传导神经冲动的功能。而神经胶质细胞主要对神经元起支持、保护、分离等作用。

每一个神经元都是由胞体和从胞体上发出的长短不一的突起构成的，细胞核位于胞体。19世纪，科学家根本搞不清楚神经细胞的形状。一位名叫高尔基的科学家发明了一种神经元银染色法，这种染色法最大的特点就是完全随机标记神经元，而且只有不到1%的神经元会被染色，这就保证相邻的神经元不会被同时染色。被染色的神经元都是相互隔离的，每一个被标记的神经元都会被完整地染色，这项神奇的染色技术一直沿用至今。基于神经元银染色法，西班牙神经解剖学家圣地亚哥·拉蒙-卡哈尔创立了神经元学说，与高尔基一起荣获1906年的诺贝尔生理学或医学奖。卡哈尔将神经元的突起分为两类：轴突和树突。除了少数例外，每个神经元有一条轴突和许多条树突。

随后，科学家发现单个神经元内的信号传导是通过动作电位来实现的。神经元之间并不直接连接，而是通过一个特殊的结构——突触进行连接，突触中间是有间隙的。神经元之间通过化学信号进行信息传递，这种化学信号就是神经递质。最早被发现的神经递质是乙酰胆碱和肾上腺素。

　　人类的大脑是人体中最精细、最复杂的器官。基于脑,人类才会学习与记忆,才拥有思维和意识,才具有无止境的创造性思维,人脑的强大功能令人类自己都惊叹不已。脑的高级功能是生命科学乃至所有科学中最令人感兴趣的问题之一。

　　关于大脑的一个重要的研究问题就是大脑的学习和记忆机制。小朋友们可能听说过俄国科学家巴甫洛夫在狗身上进行的条件性反射实验,这就涉及大脑的学习和记忆机制,机体可以通过中枢神经系统对作用于感受器的外界刺激发生规律性反应。后来,科学家通过研究脑部受到损伤的病人,将记忆分为长时记忆和短时记忆。科学家发现两者是被分开存储的,不同的记忆被存储在大脑的不同位置,但当时人们对细胞水平和分子水平的机制并不了解。

　　生命的进化是从简单到复杂的,人类的神经系统已经达到了极其复杂的程度。简单的多细胞动物代表——秀丽线虫的神经细胞只有338个,它没有脑的概念,只有一个类似脑的围咽神经环,更谈不上系统,这个围咽神经环却足以控制线虫运动、取食、交配等多种行为。为了研究学习和记忆的分子机制,科学家选择从神经系统相对简单的低等动物入手。20世纪70年代，美国科学家埃里克·坎德尔等人以海兔（又称海蛞蝓）为研究对象，阐明了短时记忆的分子机制。海兔是一种软体动物，只有大约两万个脑细胞，其中的大多数组成了9个神经节，有些神经细胞的直径是人类的50倍，易于操作。20世纪90年代，科学家又陆续发现了一些影响学习和记忆的基因。

一百多年来，神经科学领域的科学家有不少获得了诺贝尔生理学或医学奖，这也说明了人类对神经科学研究的重视。除了上面提到的研究成果，获得诺贝尔生理学或医学奖的还有动作电位产生的离子假说（1963年）、神经递质存储和释放机制（1970年）、神经系统中的信号传递（2000年）、气味受体和嗅觉系统组织方式（2004年）、发现构成大脑定位系统的细胞（2014年）等成果。

科学研究需要新方法、新基础。进行脑科学研究时，在真实的场景中对活动中的动物大脑进行观测非常重要。2017年，北京大学程和平院士领衔的跨学科团队实现了双光子显微镜核心部件的微型化，将原本几百千克的仪器缩减为几十千克的组合体，核心部件缩减至2.2克，使其成为可被自由活动的小鼠戴在头上的观测利器。这

一成果是生物医学成像技术的重大突破，可以在不影响实验动物生活质量的前提下，长时间地对自由状态下的实验动物的大脑进行观测，分辨率可以达到细胞，甚至是突触的水平。

上述方法的弊端是会对观察对象造成损伤，因此无法应用到人脑研究中。目前脑科学研究中常用的无创性成像技术主要有两种：正电子发射 - 计算机断层成像（PET-CT）和功能磁共振成像（fMRI）。这两种技术已经在医院广泛应用，都是通过观察脑血流量显示脑局部区域的活动情况。利用功能磁共振成像技术，科学家甚至能识别梦境中大约60%的图像。

近年来，我国政府对脑科学极为重视，正在布局国家实验室的建设。小朋友们也许会看到记忆机制取得重大突破的那一天。当然，如果你们对记忆机制感兴趣，也可以在这个领域努力探索哦！

科学思考

　　人类大脑的记忆机制神秘而复杂，需要我们不停地进行探索。如果你们对记忆机制感兴趣，试着查阅相关资料，提出一个假说，想一想：人类的长时记忆和短时记忆分别是如何存储的？

如何克隆生命体

克隆人出现在很多科幻小说或科幻电影中，甚至出现在神话故事中。孙悟空拔下一撮毫毛变出很多小猴子，也可以看作是克隆。自从1997年多莉羊诞生以来，科学上的动物克隆逐渐被公众所熟知。

　　动物克隆技术的关键环节是细胞核移植。所谓细胞核移植，是指运用显微操作技术将一个二倍体细胞的细胞核（含核周围少量的细胞质）移入另一个去核（或核已失活）或不去核的未受精卵中，在一定条件下，它能像受精卵一样分裂、分化、发育，形成胚胎、幼体甚至到成体的技术。

　　德国胚胎学家施佩曼（1935年诺贝尔生理学或医学奖获得者）最早提出了细胞核移植的概念，但是并未付诸实验。1952年，英国科学家布里格斯等人将移核技术应用到多细胞动物中，将豹蛙的囊胚晚期或原肠早期的细胞核移入去核的同种豹蛙卵中，获得了正常发育的胚胎，开创了脊椎动物细胞核移植的先河。细胞核移植最初主要用来研究胚胎发育过程中细胞核和细胞质的功能以及二者之间的相互作用关系，探讨有关遗传、发育和细胞分化等方面的一些基本理论问题。

　　1958年，英国科学家约翰·格登将非洲爪蟾的幼体肠细胞核移植到去核卵细胞中，发现该胚胎也能够发育为一个个体，而此个体的基因组与供体细胞的一致。这是人类历史上第一例体细胞核移植动

物，该实验证明了一个分化的细胞在一定条件下能够逆转，进而再次发育为一个完整的个体，这也说明了一个分化的体细胞也含有所有的遗传物质和信息。为此，约翰·格登荣获2012年诺贝尔生理学或医学奖。

童第周是我国实验胚胎学的创始人之一，是我国生命科学研究的杰出领导者。中华人民共和国成立后，童第周除了研究文昌鱼的胚胎发育，最关心的是细胞核和细胞质在发育中的关系。20世纪60年代初，童第周带领团队以金鱼和鳑鲏鱼为材料，开始进行细胞核移植研究，经过多年的尝试，终于掌握了这项技术。童第周团队将金鱼和鳑鲏鱼囊胚中期的细胞分散，吸取细胞核，并转移到去掉膜、挑去核的未受精卵子中，最终移植核的卵子能发育成正常的胚胎和幼鱼。这是世界范围内首次报道的细胞核移植技术在鱼类中的应用。1980年，这一团队又将鲤鱼的细胞核移植到鲫鱼的去核卵细胞中，最终培育出鲤-鲫杂种鱼。

鱼类和两栖类的卵比较大，容易进行核移植操作，哺乳动物的卵相对较小，核移植相对困难。

　　20世纪90年代，中国科学院发育生物学研究所和江苏农学院合作，分别把山羊8至16细胞期胚胎的分裂球和囊胚期胚胎的内细胞团的细胞作为供核细胞，移入去核的山羊卵子内，经这一系列处理获得重构胚，并重复继代，最终把重构胚移入11只受体母羊，其中3只妊娠足月，产下4只羊羔，这是世界上首次获得的连续细胞核移植山羊。1994年，这一科学成果入选"两院院士评选1994年中国十大科技新闻"，这项评选后来更名为"中国十大科技进展新闻"，延续至今。

　　1997年，英国罗斯林研究所宣布，他们用6岁成年羊的高度分化的乳腺细胞进行了核移植，成功地获得了克隆羊"多莉"。这是第一次用成年体细胞作为供核细胞获得成体，说明高度分化的成年动物的体细胞可以在适当条件下发生逆转，恢复全能性，这是生物技术史上具有划时代意义的重大突破。自此开始，细胞核移植技术受到了广泛的关注，这一技术也被称为克隆技术。

　　2009年，中国科学院动物研究所周琪实验室利用"神奇的干细胞"一章提到的诱导多能干细胞技术，用成体小鼠的皮肤细胞培育出一只取名"小小"的黑色健康小鼠。"小小"是世界上第一只由体

细胞直接诱导"孕育"出的小鼠，并且有着正常的生殖和繁育能力。"小小"虽小，但是它的意义是巨大的，它首次证明了诱导多能干细胞也是具有发育多能性和全能性的。

但是，跟人类亲缘关系更近的灵长类动物的体细胞克隆却一直未能成功。早在1999年，就有科学家做出了克隆猴，但这利用的是胚胎分裂技术，而不是体细胞克隆。那么，非人灵长类核移植究竟难在哪里？以猕猴为例，一是猴的卵细胞的细胞核不易识别，去核难度大；二是猴的卵细胞容易提前激活；三是猴的体细胞克隆胚胎发育差，培养囊胚的效率低。

2017年，中国科学院神经生物学研究所孙强团队终于克服了这些困难，成功培育出世界上首个体细胞克隆猴"中中"和随后的"华华"。2018年初，这项研究成果以封面文章的方式发表在国际顶尖学术期刊《细胞》上。体细胞克隆猴的意义在于，可以获得遗传背景完全一致的猕猴，减少个体间的差异对实验的干扰，大大减少了实验动物的使用数量。此外，体细胞克隆技术使疾病模型猕猴的制备时间缩短到一年内，从而使猕猴成为跟人类亲缘关系最近的动物模型，为研制针对阿尔茨海默病、自闭症等脑疾病，以及免疫缺陷、肿瘤、代谢性疾病的新药奠定了坚实的基础。

很多人担心体细胞克隆猴会带来伦理学问题，担心科学家会利用这项技术来克隆人类自己。实际上，国家对此有严格规定，克隆人的研究是绝对不会被允许和批准的，小朋友们大可放心。

假设地球上某种生物只剩下一个雄性个体，理论上能否进行体细胞克隆？说说你的理由。